?! 歴史漫画《れきしまんが》サバイバル シリーズ 7

室町時代《むろまちじだい》のサバイバル
（生《い》き残《のこ》り作戦《さくせん》）

マンガ：イセケヌ／ストーリー：チーム・ガリレオ／監修《かんしゅう》：河合《かわい》 敦《あつし》

はじめに

室町時代《むろまちじだい》は、足利尊氏《あしかがたかうじ》によって開《ひら》かれた室町幕府《むろまちばくふ》が日本《にほん》を治《おさ》めていた時代《じだい》です。約《やく》240年続《ねんつづ》いたこの時代《じだい》は、農業《のうぎょう》などの産業《さんぎょう》が発展《はってん》し、現在《げんざい》の日本《にほん》の文化《ぶんか》につながるものがたくさん生《う》まれた時代《じだい》でもありました。

この時代《じだい》について、学校《がっこう》の授業《じゅぎょう》では、足利義満《あしかがよしみつ》がつくった金閣《きんかく》や、足《あし》利義政《かがよしまさ》がつくった銀閣《ぎんかく》に代表《だいひょう》される室町時代《むろまちじだい》の文化《ぶんか》や、産業《さんぎょう》が発展《はってん》したことで庶民《しょみん》の力《ちから》が高《たか》まってきたことなどを学習《がくしゅう》します。

今回《こんかい》のマンガでは、鎌倉時代《かまくらじだい》を旅《たび》した主人公《しゅじんこう》のエマとケンジが、足利《あしかが》義満《よしみつ》が君臨《くんりん》する全盛期《ぜんせいき》の室町時代《むろまちじだい》にタイムスリップして、室町時代《むろまちじだい》の文《ぶん》化《か》や生活《せいかつ》を体験《たいけん》します。

みなさんも、ふたりといっしょに、室町時代《むろまちじだい》の文化《ぶんか》を知《し》る旅《たび》に出《で》かけましょう!

監修者《かんしゅうしゃ》　河合《かわい》 敦《あつし》

室町《むろまち》時代《じだい》のサバイバルの舞台《ぶたい》は…？

4万年前《まんねんまえ》
2万年前《まんねんまえ》
1万年前《まんねんまえ》
2000年前《ねんまえ》
1500年前《ねんまえ》
1400年前《ねんまえ》
1300年前《ねんまえ》
1200年前《ねんまえ》
1100年前《ねんまえ》
1000年前《ねんまえ》
900年前《ねんまえ》
800年前《ねんまえ》
700年前《ねんまえ》
600年前《ねんまえ》
500年前《ねんまえ》
400年前《ねんまえ》
300年前《ねんまえ》
200年前《ねんまえ》
100年前《ねんまえ》
50年前《ねんまえ》
先史時代《せんしじだい》
古代《こだい》
中世《ちゅうせい》
近世《きんせい》
近代《きんだい》
現代《げんだい》
旧石器時代《きゅうせっきじだい》
縄文時代《じょうもんじだい》
弥生時代《やよいじだい》
古墳時代《こふんじだい》／飛鳥時代《あすかじだい》
奈良時代《ならじだい》
平安時代《へいあんじだい》
鎌倉時代《かまくらじだい》
室町時代《むろまちじだい》
安土桃山時代《あづちももやまじだい》
江戸時代《えどじだい》
明治時代《めいじじだい》
大正時代《たいしょうじだい》
昭和時代《しょうわじだい》
平成時代《へいせいじだい》
ココ!!
日本人《にほんじん》の祖先《そせん》が住《す》み着《つ》く
土器《どき》を作《つく》り始《はじ》める
貝塚《かいづか》が作《つく》られる
米作《こめづく》りが伝《つた》わる
大和朝廷《やまとちょうてい》が生《う》まれる
平城京《へいじょうきょう》が都《みやこ》になる
平安京《へいあんきょう》が都《みやこ》になる
モンゴル（元《げん》）軍《ぐん》が2度《どせ》攻めてくる
室町幕府《むろまちばくふ》が開《ひら》かれる
金閣《きんかく》や銀閣《ぎんかく》がつくられる
江戸幕府《えどばくふ》が開《ひら》かれる
明治維新《めいじいしん》
大正《たいしょう》デモクラシー
太平洋戦争《たいへいようせんそう》
高度経済成長《こうどけいざいせいちょう》
米作《こめづく》りが広《ひろ》まる
巨大《きょだい》なお墓《はか》（古墳《こふん》）がつくられる
奈良《なら》の大仏《だいぶつ》がつくられる
華《はな》やかな貴族《きぞく》の時代《じだい》
鎌倉幕府《かまくらばくふ》が開《ひら》かれる（武士《ぶし》の時代《じだい》の始《はじ》まり）
戦国時代《せんごくじだい》
町人文化《ちょうにんぶんか》が盛《さか》んになる
文明開化《ぶんめいかいか》
現代《げんだい》

もくじ

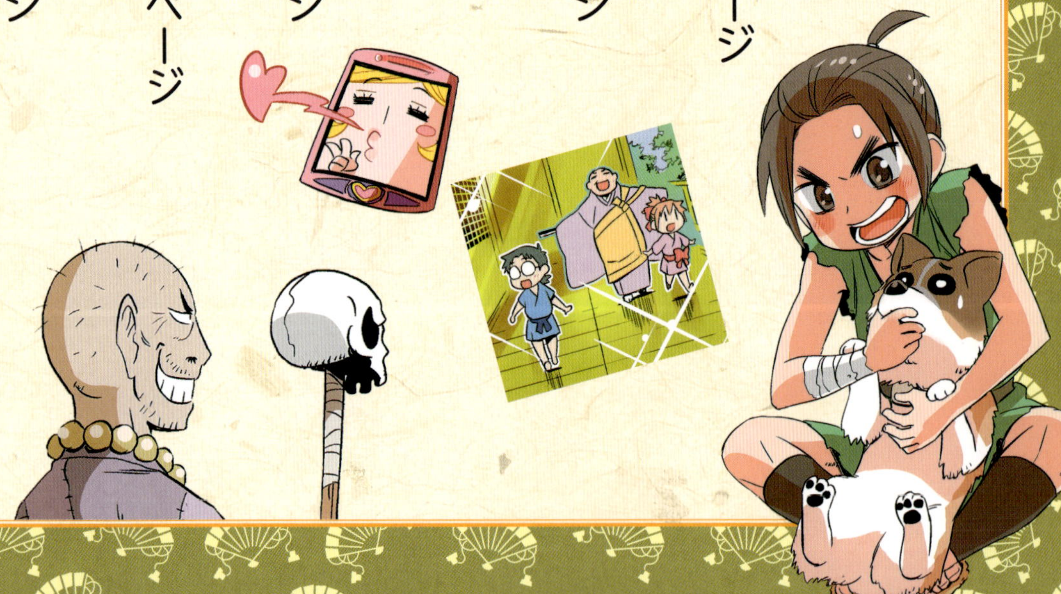

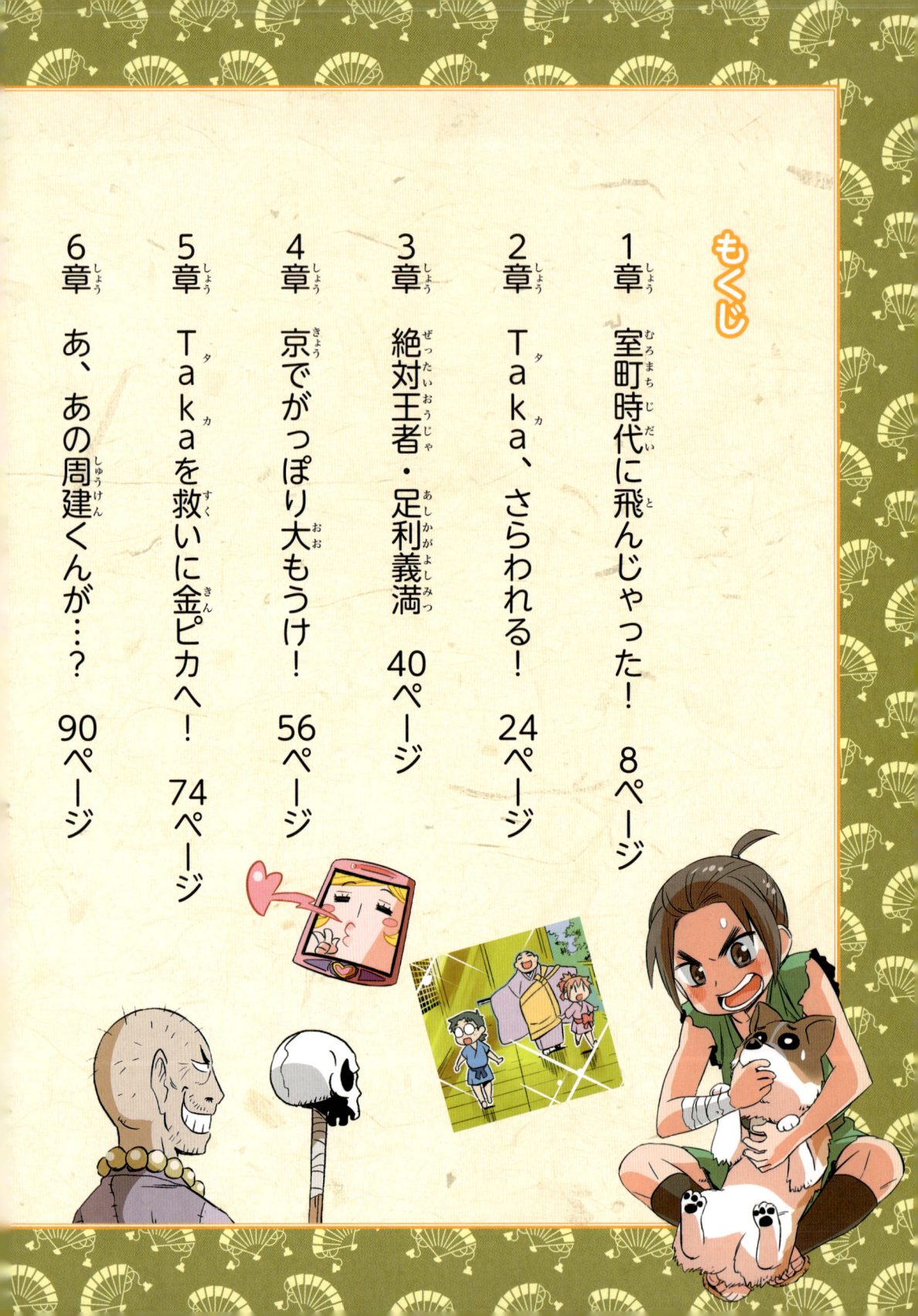

歴史《れきし》サバイバルメモ

登《とう》場《じょう》人《じん》物《ぶつ》

エマ

運動神経《うんどうしんけい》ばつぐんで、
食《く》いしん坊《ぼう》な小学生《しょうがくせい》。
歴史《れきし》の知識《ちしき》はまったく
ないが、
タイムスリップしても
心配《しんぱい》することなく、
元気《げんき》いっぱいの少女《しょうじょ》。
キラキラや派手《はで》派手《はで》が
大好《だいす》き。
お絵描《えか》きも得意《とくい》。

ケンジ&《アンド》Taka《タカ》

少《すこ》し歴史《れきし》に興味《きょうみ》のある小学生《しょうがくせい》。
タイムスリップ先《さき》で騒動《そうどう》に
巻《ま》き込《こ》まれるたびに、
ドキドキ・ハラハラ。
飼《か》い犬《いぬ》の名前《なまえ》を Taka《タカ》 と
ローマ字表記《じひょうき》にしたり、
渋《しぶ》い感《かん》じの首輪《くびわ》を選《えら》んだりと、
独特《どくとく》のこだわりとセンスがある。

才丸《さいまる》

室町時代《むろまちじだい》をたくましく生《い》きる少年《しょうねん》。
お金持《かねも》ちになるためであれば、
だれでもなんでも利用《りよう》しようとする。

周建《しゅうけん》

エマとケンジが京《きょう》で出会《であ》った、
とても上品《じょうひん》でかしこい小坊主《こぼうず》。
その正体《しょうたい》は……!?

犬《いぬ》バス&《アンド》ハニィ

時空移動《じくういどう》ができる犬《いぬ》の形《かたち》をしたタイムバス。
元《もと》の時代《じだい》への戻《もど》り方《かた》に特徴《とくちょう》がある。
ハニィというタブレット型《がた》の
バスガイドつき。

1章《しょう》 室町時代《むろまちじだい》に飛《と》んじゃった！

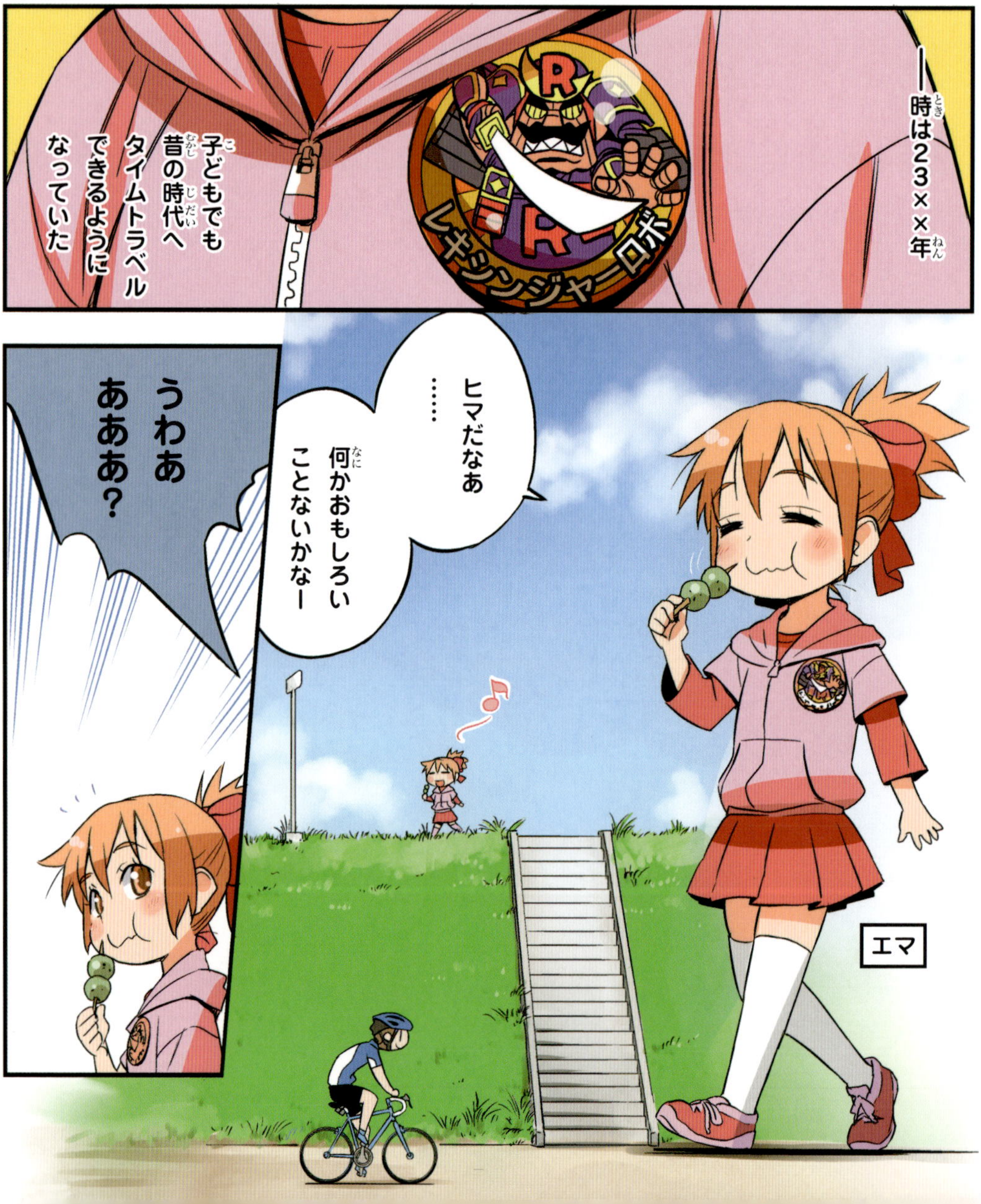

だだ
スストップ!
スト～ップ Taka《タカ》～!!
ケンジ
だだ
おっ
ケンジと
タカ……じゃなく
Taka《タカ》だ♥
Taka《タカ》
だだーん
おーい♥
わんっ♫
ぴょんっ
わわっ!?
ドターーーーン
Taka《タカ》
お～っす♥
ハッ
ハッ
わわんっ♥
ついでに
ケンジも～
ついで
なの!?
がーーん

ボール遊《あそ》びしてたの？
ハフハフ♡
「とってこい」の訓練《くんれん》してるんだよ～！
でも最近《さいきん》ボクの言《い》うこと聞《き》いてくれないいんだよなあ……
ケンジはナメられキャラだもんね！
ばう！
傷《きず》つくからやめてください……
しかもホガラカに……
Taka
なんかジジくさい色《いろ》の首輪《くびわ》だなあ
もっと派手《はで》なのつけてあげなよ～
地味《じみ》なのがイイんじゃないか！
Taka
首輪《くびわ》といいこのボールといい渋《しぶ》～い魅力《みりょく》がわからないかなあ
ジミ～ン
なっTaka《タカ》！
ばう……(さあ)
ケンジのセンスって……オトナっぽいっていうかコドモらしくないっていうか……

よーし！エマが遊《あそ》んだげる〜♪
ばうばうっ♪
いくよ〜そぉ〜……
れっ!!!
ドギュン!
!?
ひゅ〜〜
OXモータース
整備工場《せいびこうじょう》
ぱりーん
OXモータース
整備工場《せいびこうじょう》
わーー！なんか割《わ》れた音《おと》ががーっ
どう？　どう？　エマすごいでしょ！
新記録《しんきろく》だ〜♥
すごくないから!!

＊これまでの話《はなし》を知《し》りたい人《ひと》は「鎌倉時代《かまくらじだい》のサバイバル」を読《よ》んでね！

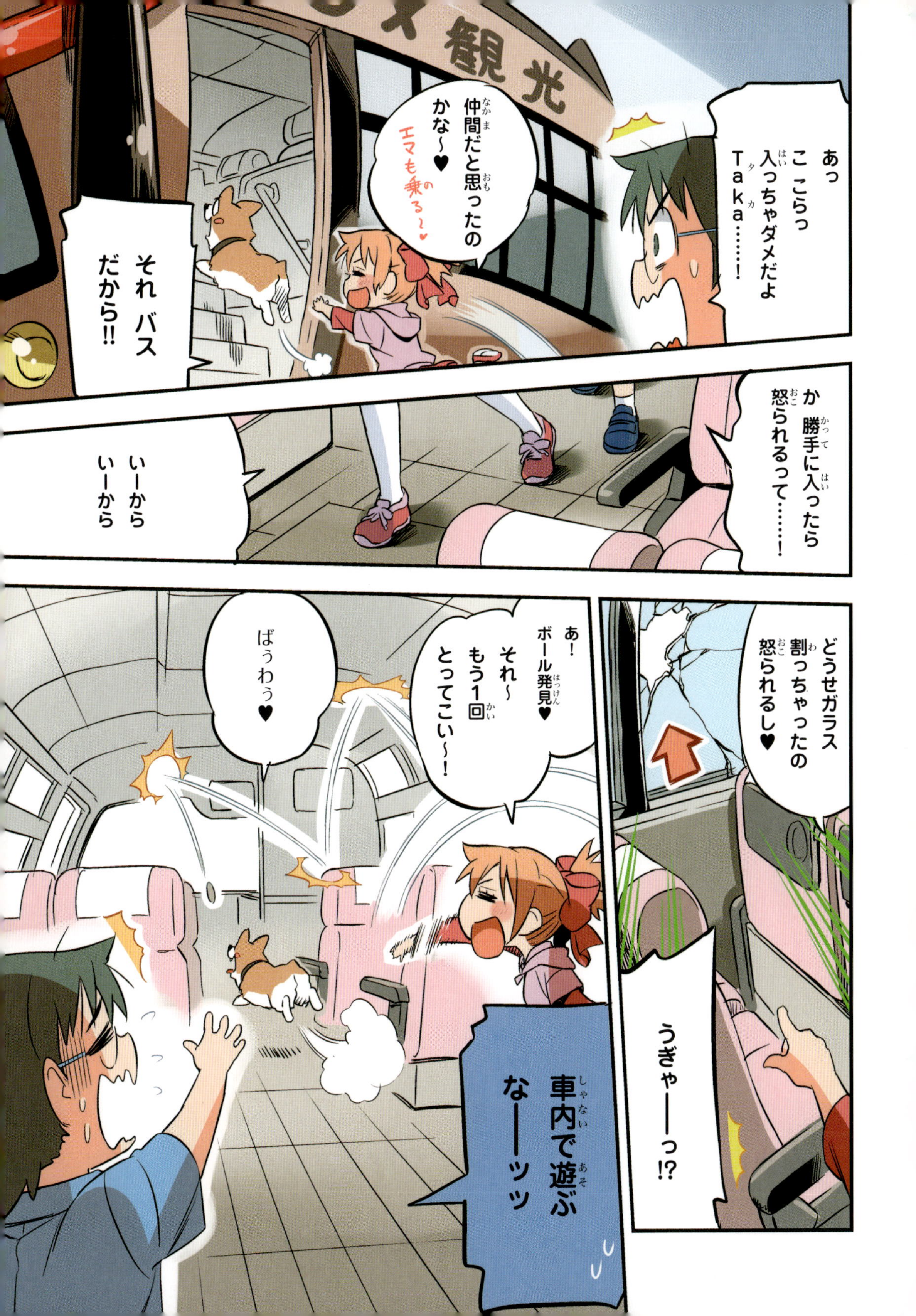

観光
あっ こ こらっ 入《はい》っちゃダメだよ Taka《タカ》……!
仲間《なかま》だと思《おも》ったのかな~♥
エマも乗《の》る~♥
それ バスだから!!
か 勝手《かって》に入《はい》ったら怒《おこ》られるって……!
いーから いーから
どうせガラス割《わ》っちゃったの怒《おこ》られるし♥
うぎゃー一っ!?
あ! ボール発見《はっけん》♥ それ~ もう1回《かい》とってこい~!
ばうわう♥
車内《しゃない》で遊《あそ》ぶなーーッッ

こらーーっ！
何《なに》をしているのであるか〜!!!
びくっ
ひゃっ……!?
ごっ
ごめんなさい
ごめんなさい
ごめんなさ……
あれ？
だれもいない……？
うふふ……♪
こっちよ
こ・っ・ち♥
……あっ!?
ぼてん
はぁ〜い☆
はじめまして
キュートな
ぼうやたち♥
わたし バスガイドの
タブレット
ハニィでぇーす♥
このバスは
整備中《せいびちゅう》なの♥
勝手《かって》に入《はい》っちゃ
ダ☆メ！
めっ♥
ご ごめん
なさい……！

今《いま》すぐ
出《で》ま……
ドカッ
ぱくっ
♪
ナイスキャッチ
Taka《タカ》～♪
あっ!?
そこタッチしちゃダ☆メエエ
ポチッ
ワープ開始《かいし》～
ワープ開始《かいし》～!
ヒュイイイ…
カッ
ゴオ!
!?

うわあああ!?
オオ
次《つぎ》ハ
ムロマチジダイ〜
ムロマチジダイ〜
げっ!?
モロダシ
時代《じだい》?
ときはなて
ム・ロ・マ・チ!!!
室町《むろまち》時代《じだい》だよ!!
ねえ
どんな
時代《じだい》なの?
えっ
イヤな
よかん…
ギクリ

は発車《はっしゃ》しちゃった〜!?
ねえ どんな 時代《じだい》なの?
ええーと たしか 鎌倉時代《かまくらじだい》よりあとで……
どんくらい あと〜?
そ それは まだ習《なら》ってないから……
せーれき 何年《なんねん》〜?
ねえ〜? ねえねえ
ずい ずい ずずい
ねーねーねー ねーねーねー ねー
たっ 助《たす》けて Taka《タカ》〜
またいぢめる〜
……

と とにかく 止《と》めて～!! ええと……
んも～う☆ わたしハ・ニ・ィ! ちゃんと 覚《おぼ》えて～ん♥
名前《なまえ》とか いいから 早《はや》くッ!
も～☆ しょうがない わね～♥
じゃあ まず運転席《うんてんせき》の 光《ひか》ってる ボタン を……
コレかな?
ポチっとな♪
あっ☆ それじゃなくてー
緊急脱出《きんきゅうだっしゅつ》 ボタンガ 押《お》サレマシタ
ぱかっ
えっ!?
脱出装置《だっしゅつそうち》 射出《しゃしゅつ》!
わーーーッ

次《つぎ》ハ
キンカク
キンカク～
ババスが
行《い》っちゃう～
……！
わああ
ぁ
めぁあ
カッ
パッ
ブフッ
ガンッ
ドサーッ
ぎゃんっ
ばばーーーム♥
いえーい
エマ&Taka《アンドタカ》ペア
今回《こんかい》も見事《みごと》な着地《ちゃくち》
ひゃくおく点《てん》!!
だから～
……
ドタ
ドタ
ここ……
どこだろう
……？

ドャ
おっれたちゃ 倭寇《わこう》♫
へいへい へへ～い♪
おっ宝大量《たからたいりょう》～ ぶんどり上等《じょうとう》♫ 海賊稼業《かいぞくかぎょう》は やっめられねぇ ぜい～♪
ほいほい ほほ～い♫
勝利《しょうり》の踊《おど》りだ へいへい へへ～い♫
ドャ
!!
ひ 人《ひと》だ! 隠《かく》れろ!
楽《たの》しそうー エマも歌《うた》う～
……
しっ し～～っ!
もごもごごごー!! (なにすんのさー!!)
ボクら 今《いま》は 現代《げんだい》の格好《かっこう》 なんだぞ
別《べつ》の時代《じだい》の人《ひと》に 見《み》つかったら まずいよ……!

外国《がいこく》の船《ふね》から奪《うば》ったお宝《たから》で～♪あとは遊《あそ》んで暮《く》らせるぜ～♥
か 海賊《かいぞく》!? 奪《うば》ったお宝《たから》……?
なんか 見《み》るからにヤバそうな人《ひと》たちなんですけど……
見《み》つからないように遠《とお》くに離《はな》れよう……!
遠《とお》くってどこに? ここ 船《ふね》の上《うえ》みたいだよ?
げ!?
!?
コロコロ…
Taka《タカ》!?
わんわわん!
きゃいんッ

室町《むろまち》時代《じだい》ってどんな時代《じだい》？

①鎌倉時代《かまくらじだい》の次《つぎ》の武家政権《ぶけせいけん》

今《いま》から680年《ねん》ほど前《まえ》の1333（元弘《げんこう》3）年《ねん》、初《はじ》めての武士《ぶし》の政権《せいけん》（武家政権《ぶけせいけん》）である鎌倉幕府《かまくらばくふ》が滅《ほろ》びました。その次《つぎ》にできた武士《ぶし》の政権《せいけん》が室町幕府《むろまちばくふ》です。「室町《むろまち》」という名称《めいしょう》は、室町幕府《むろまちばくふ》の3代《だい》将軍《しょうぐん》・足利義満《あしかがよしみつ》が、将軍《しょうぐん》の住《す》まい「室町殿《むろまちどの》」を京《きょう》の室町《むろまち》につくったことにちなんで使《つか》われています。室町時代《むろまちじだい》は、1573（元亀《げんき》4）年《ねん》まで約《やく》240年間《ねんかん》続《つづ》きました。

②室町幕府《むろまちばくふ》の初代将軍《しょだいしょうぐん》・足利尊氏《あしかがたかうじ》

室町幕府《むろまちばくふ》を開《ひら》いたのは、鎌倉幕府《かまくらばくふ》をつくった源頼朝《みなもとのよりとも》の血《ち》を引《ひ》く足利尊氏《あしかがたかうじ》という人物《じんぶつ》です。尊氏《たかうじ》は武家《ぶけ》の名門《めいもん》・源氏《げんじ》の家柄出身《いえがらしゅっしん》というだけでなく、おおらかで気前《きまえ》のいい性格《せいかく》だったので、多《おお》くの武士《ぶし》に支持《しじ》され、新《あら》たなリーダーとなったのです。

室町時代《むろまちじだい》のキーパーソン 1

家柄《いえがら》よし！性格《せいかく》よし！の初代将軍《しょだいしょうぐん》

足利尊氏《あしかがたかうじ》

★生没年《せいぼつねん》 1305～1358年《ねん》

鎌倉幕府《かまくらばくふ》の有力御家人《ゆうりょくごけにん》だったが、後醍醐天皇《ごだいごてんのう》の幕府《ばくふ》を倒《たお》す計画《けいかく》に応《おう》じ、幕府《ばくふ》を裏切《うらぎ》る。その後《ご》、武士《ぶし》のリーダーとして室町幕府《むろまちばくふ》を開《ひら》き、初代将軍《しょだいしょうぐん》となった。

写真：PIXTA

③ 室町幕府《むろまちばくふ》のしくみ

室町幕府《むろまちばくふ》の政治《せいじ》のしくみは、鎌倉幕府《かまくらばくふ》とよく似《に》ています。まず、将軍《しょうぐん》を補佐《ほさ》する役《やく》として管領《かんれい》を置《お》き、中央《ちゅうおう》の機関《きかん》の侍所《さむらいどころ》、政所《まんどころ》などをまとめるとともに、幕府《ばくふ》の命令《めいれい》を地方《ちほう》に伝《つた》えました。

また、幕府《ばくふ》の出先機《できき》関《かん》として、関東《かんとう》には鎌《かま》倉府《くらふ》、東北《とうほく》には奥州探《おうしゅうたん》題《だい》（のちに羽州探題《うしゅうたんだい》が分《わ》かれる）、九州《きゅうしゅう》には九州探題《きゅうしゅうたんだい》がそれぞれ置《お》かれました。

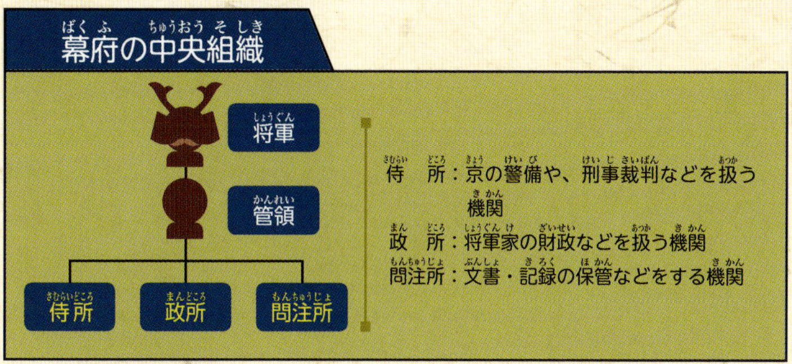
幕府《ばくふ》の中央組織《ちゅうおうそしき》
将軍《しょうぐん》
管領《かんれい》
侍所《さむらいどころ》
政所《まんどころ》
問注所《もんちゅうじょ》
侍《さむらい》　所《どころ》：京《きょう》の警備《けいび》や、刑事裁判《けいじさいばん》などを扱《あつか》う機関《きかん》
政《まん》　所《どころ》：将軍家《しょうぐんけ》の財政《ざいせい》などを扱《あつか》う機関《きかん》
問注所《もんちゅうじょ》：文書《ぶんしょ》・記録《きろく》の保管《ほかん》などをする機関《きかん》

将軍《しょうぐん》は鎌倉《かまくら》時代《じだい》にも
室町《むろまち》時代《じだい》にも
いるんだあ

地方《ちほう》には、幕府《ばくふ》から各地《かくち》の政治《せいじ》をまかされた守護《しゅご》という役職《やくしょく》を置《お》きました。室町《むろまち》時代《じだい》の守護《しゅご》は鎌倉《かまくら》時代《じだい》に比《くら》べ多《おお》くの権利《けんり》を持《も》っていて、やがて各国《かっこく》の支配者《しはいしゃ》といえる存在《そんざい》になります。そのため、守護大名《しゅごだいみょう》とも呼《よ》ばれました。そして、守護大名《しゅごだいみょう》が支配《しはい》をまかされた国《くに》（領土《りょうど》）は領国《りょうごく》と呼《よ》びます。

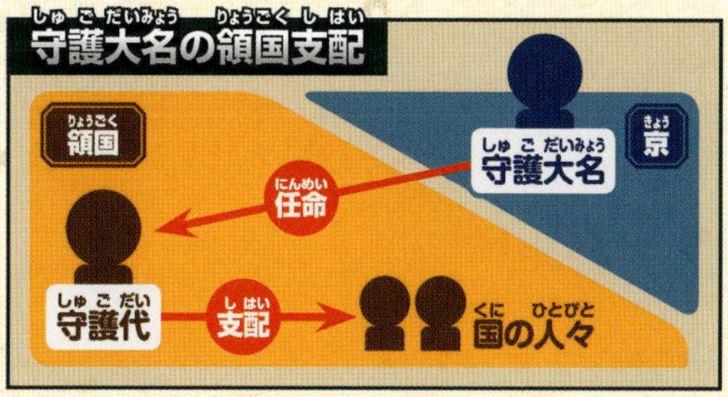
守護大名《しゅごだいみょう》の領国支配《りょうごくしはい》
領国《りょうごく》
京《きょう》
守護大名《しゅごだいみょう》
任命《にんめい》
守護代《しゅごだい》
支配《しはい》
国《くに》の人々《ひとびと》

守護大名《しゅごだいみょう》はふつう、それぞれの領国《りょうごく》ではなく、京《きょう》に住《す》んでいました。領国《りょうごく》には、守護《しゅご》大名《だいみょう》によって任命《にんめい》された守護《しゅご》代《だい》と呼《よ》ばれるけらいがいて、実際《じっさい》に支配《しはい》していました。

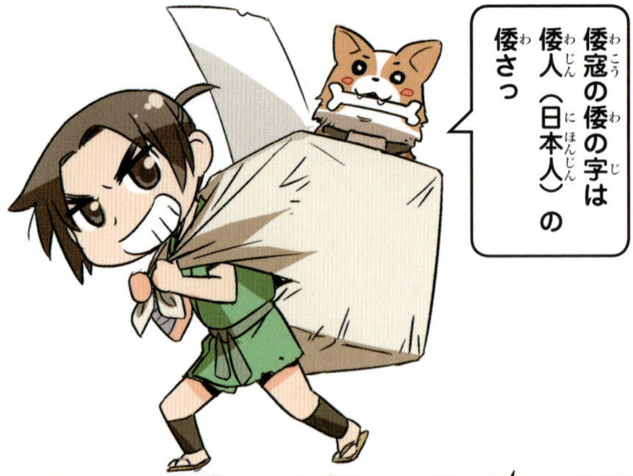
倭寇《わこう》の倭《わ》の字《じ》は倭人《わじん》（日本人《にほんじん》）の倭《わ》さっ

2章《しょう》
Taka《タカ》、さらわれる！

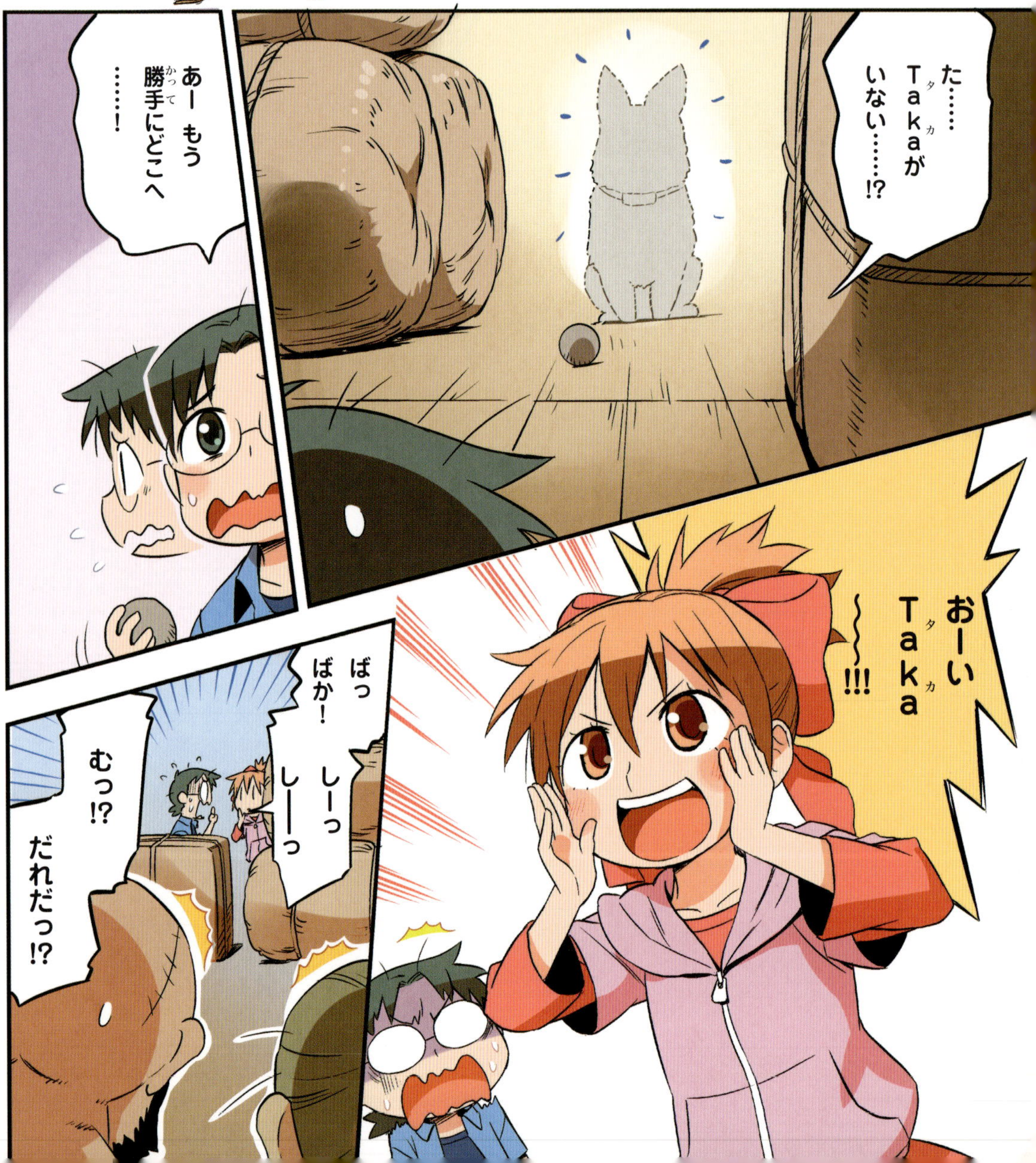
た……Taka《タカ》がいない……!?
あー もう勝手《かって》にどこへ……!
おーいTaka《タカ》〜〜!!!
ばっばか!
しーっしーーっ
むっ!?
だれだっ!?

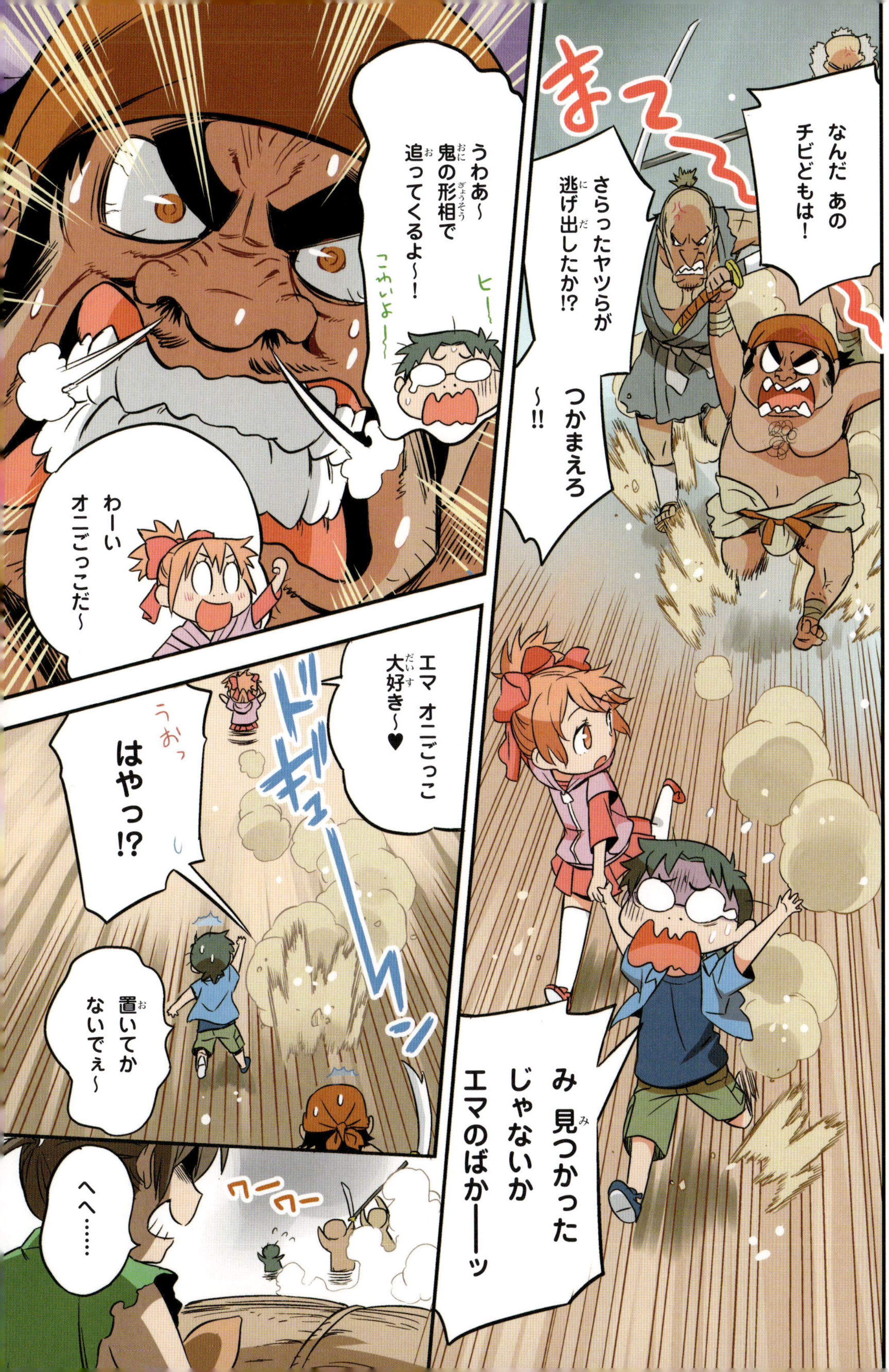
まて～～
なんだ あのチビどもは！
さらったヤツらが逃《に》げ出《だ》したか!?
つかまえろ～!!
うわあ～鬼《おに》の形相《ぎょうそう》で追《お》ってくるよ～！
ヒ～
こわいよ～
わーい オニごっこだ～
エマ オニごっこ大好《だいす》き～♥
ドギューーンッ
うおっ
はやっ!?
置《お》いてかないでぇ～
み 見《み》つかったじゃないか エマのばか――ッ
ワーワー
へへ……

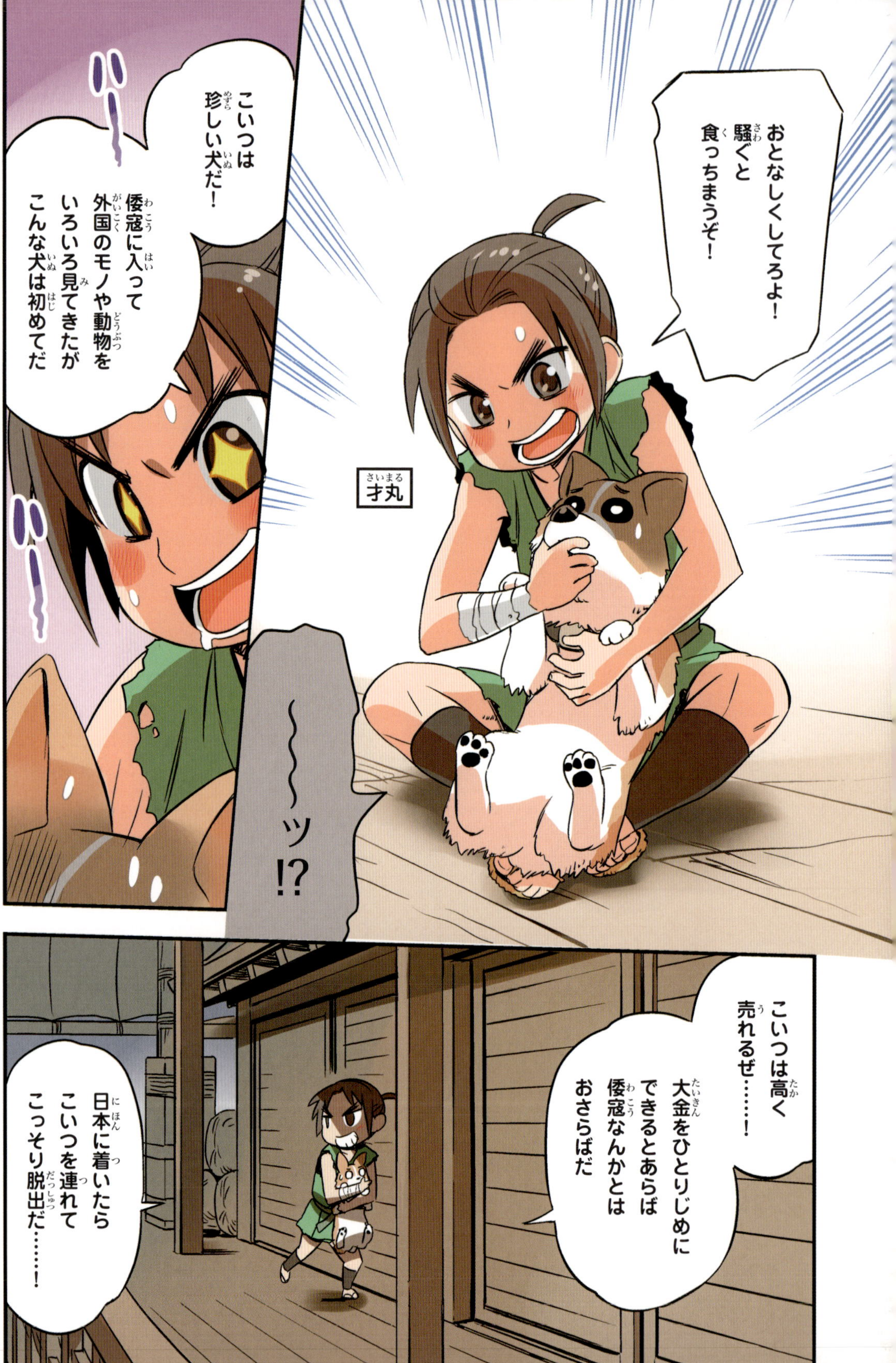
おとなしくしてろよ！騒《さわ》ぐと食《く》っちまうぞ！
才丸《さいまる》
こいつは珍《めずら》しい犬《いぬ》だ！
倭寇《わこう》に入《はい》って外国《がいこく》のモノや動物《どうぶつ》をいろいろ見《み》てきたがこんな犬《いぬ》は初《はじ》めてだ
〜〜〜ッ!?
こいつは高《たか》く売《う》れるぜ……！
大金《たいきん》をひとりじめにできるとあらば倭寇《わこう》なんかとはおさらばだ
日本《にほん》に着《つ》いたらこいつを連《つ》れてこっそり脱出《だっしゅつ》だ……！

ば……
ばう
ばばうっ!
あっ……!?
逃《に》がすか……っ
サッ
!!
ほ～れ ワン公《こう》 ホネだぞ～♥
わんっ♥
ハッ
ハッ
そら とってこい!
わわわ～ん♥
ぱくっ♥
パタン!

わわわわお———ん
ちょろいもんだぜ♪
ほかの連中《れんちゅう》に見《み》つからねえよう隠《かく》しておこう♥
バタ
ドタ
一方《いっぽう》 エマとケンジは——
ど……どこいきやがった……
なななんちゅー逃《に》げ足《あし》と体力《たいりょく》じゃ……
ハア
ヒィ
ぜへ———
ここならオニにつかまらないもんね♪
ぜー~
ぜへ~
ひ……ひいい高《たか》いぃ~

ワオオー〜〜……
Taka《タカ》の声《こえ》がする〜
!
あそこだ!
よ〜し♥
今《いま》いくよTaka《タカ》〜♪
ギクッ
ちょ……
ま まさか……
じゃーーんぷ〜〜!!!
ぎゃああああッッ!?

ひゅるる〜〜……
おわあっ!?
ドスンッ!
な……なんだ……!?
着地成功《ちゃくちせいこう》
ひゃくちょー点《てん》♥
ばばーん
Taka《タカ》はっけ〜ん♥
ばうわわうっ
おまえらが飼《か》い主《ぬし》か……?

ゴゴゴゴ
悪《わる》いが
返《かえ》すわけにゃ
いかねえなあ
ポキ
ポキキ
そのワン公《こう》は
今日《きょう》から
この才丸《さいまる》さまの
モンだからな……！
ちょいと
痛《いた》いメに
あって
もらうぜ～!!
カッ!!
ポカスカポカポカカー
ばばーーん！
よわっ

まだやるか～!?
がるるる～っ
がるる～
ヒイッ
わーーー
まてまてまて!
じ 実《じつ》はおれ……じゃなく
ぼく
倭寇《わこう》と一緒《いっしょ》に悪《わる》いことするのが嫌《いや》になって
そのワン公《こう》……ワンちゃんを助《たす》けてあげようと思《おも》ったんだ♥
わこー?
へ?
わ 倭寇《わこう》を知《し》らない……?
ピコーン
そんなことも知《し》らないんじゃこの先困《さきこま》るぜ?
教《おし》えてやってもいいけど……それには授業料《じゅぎょうりょう》をいただかないとな～
金《かね》もうけの絶好《ぜっこう》の機会《きかい》!
今《いま》の時代《じだい》何《なに》をするにもタダってワケにはいかねえのさ!
えっ
じゅ 授業料《じゅぎょうりょう》……!?

今《いま》お金《かね》持《も》ってないから別《べつ》にいいよ……
エンリョするなって!
う〜んそうだな……
本当《ほんとう》はワン公《こう》が欲《ほ》しいんだけど……
じろじろじ〜〜
む!
ななんだそれー!?
へ?これ?
うおお……!なんかすげえ
レキシンジャーロボ
ぱぁあっ
こんなお宝《たから》明《みん》でも見《み》たことないぞ……!
こっこれ!これくれ!
なーんだレキシンジャーが好《す》きなんだね!
いいよあげる〜♥
ひゃっほ〜♪こいつは高《たか》く売《う》れそうだぜ!

よし！
おれは約束《やくそく》は
守《まも》る男《おとこ》だ！
教《おし》えてやっから
耳《みみ》かっぽじって
よーく聞《き》け！
倭寇《わこう》ってのは
外国《がいこく》の海《うみ》や土地《とち》を
荒《あ》らしまわってた
海賊《かいぞく》のことさ！
その暴《あば》れっぷりが
あんまりひどいんで
明《みん》が日本《にほん》に
取《と》り締《し》まるように
文句《もんく》を言《い》ってきたんだ
みんって
なに？
ズ
ホントになんも
知《し》らないんだな……
明《みん》ってのは
海《うみ》を渡《わた》った先《さき》にある
あの大国家《だいこっか》だよ！
ヒ～
日本《にほん》
ポイッ
中国《ちゅうごく》のこと
かな……？
倭寇禁止《わこうきんし》!!
海《うみ》が安全《あんぜん》に
なったので
明《みん》と貿易《ぼうえき》
開始《かいし》だ♪
行《い》って
まいり
ます～
んで
室町幕府《むろまちばくふ》のエライ人《ひと》が
倭寇《わこう》を厳《きび》しく取《と》り締《し》まったんだ
で 明《みん》との貿易《ぼうえき》も
正式《せいしき》に始《はじ》めた
ホッ
これで
ひと安心《あんしん》♥
お宝《たから》を
交換《こうかん》しよう♥
明《みん》
その正式《せいしき》な貿易船《ぼうえきせん》は
遣明船《けんみんせん》っていうのさ
というわけで
倭寇《わこう》は商売《しょうばい》
あがったりで
大《おお》いに困《こま》ったわけだ
でも おれは
思《おも》いついたね！
そうだ！
遣明船《けんみんせん》のフリを
すりゃあ
みんな油断《ゆだん》するんじゃ
ねえか……てな！

お～い才丸《さいまる》！
才丸《さいまる》はどこだ!?
おっと
お頭《かしら》がお呼《よ》び
だ……！
おまえら ここに
隠《かく》れてな！
かくまって
くれるの……？
友《とも》！
もちろんよ！
おれたちもう
友達《ともだち》だろ！
こいつら珍《めずら》しいモノ
まだ持《も》ってそうだ
ほかの連中《れんちゅう》に横取《よこど》り
されねえように
しねぇとな……♥
おめえくらいの
チビふたり
見《み》なかったか？
さあ
知《し》りやせんね～
ハア
ハア
ううむ
どこへ
消《き》えやがった
まあいい
もう日本《にほん》に着《つ》く
例《れい》のモノを
持《も》ってこい
へい！

例《れい》のモノ 例《れい》のモノ～
何《なに》？
ゴソ ゴソ
コレさ！
「勘合《かんごう》」っていう合札《あいふだ》だ
本字壹號
遣明船《けんみんせん》は「自分《じぶん》たちは正式《せいしき》な貿易船《ぼうえきせん》です」という証明《しょうめい》としてこんな札《ふだ》を持《も》ってんだ
で 明《みん》が持《も》つあとの半分《はんぶん》と合《あ》わせてちゃんと読《よ》めるか確認《かくにん》するのさ
合体！
たしかに♥
ホンモノで～す
へー……って この船《ふね》ニセモノなのに なんでそんなモノを……？
もちろん こいつぁ ニセの勘合《かんごう》さ！ ホンモノ そっくりのな♫
カンペキに似《に》せて つくったんだ 絶対《ぜったい》バレない 自信《じしん》ありだぜ♫

おし 日本《にほん》に着《つ》いたぜぇ
変装《へんそう》はできてるかおめえら!?
ばっちりでさぁ!
ザザ——…ン
航海《こうかい》ごくろうであった
こちらが勘合《かんごう》でございやす~
な なに!?
ピク
勘合《かんごう》だと!?
こ こいつらニセモノだー!!
ひっとらえろ——ッ!!!
えええ——!?
なんでバレた~!?
ガビーン
なんで~!?

鎌倉幕府《かまくらばくふ》の滅亡《めつぼう》と南北朝《なんぼくちょう》

① 鎌倉幕府《かまくらばくふ》を倒《たお》す計画《けいかく》は天皇《てんのう》の呼《よ》びかけから始《はじ》まった

鎌倉《かまくら》時代《じだい》の日本《にほん》は、1274（文永《ぶんえい》11）年《ねん》と1281（弘安《こうあん》4）年《ねん》の2度《ど》にわたってモンゴル（元《げん》）の大軍《たいぐん》に襲《おそ》われました。この国《くに》の大《だい》ピンチに武士《ぶし》たちは「一所懸命《いっしょけんめい》」（自分《じぶん》の領地《りょうち》を命《いのち》がけで守《まも》ること。現在《げんざい》では「一生懸命《いっしょうけんめい》」とも書《か》く）に戦《たたか》いましたが、頑張《がんば》ったわりにはほうび（領地《りょうち》など）が少《すく》なく、次第《しだい》に生活《せいかつ》に困《こま》るようになります。そうした状況《じょうきょう》で、鎌倉幕府《かまくらばくふ》の執権《しっけん》として、権力《けんりょく》や富《とみ》を独占《どくせん》していた北条一族《ほうじょういちぞく》への不満《ふまん》が高《たか》まっていきました。

これを見《み》た後醍醐天皇《ごだいごてんのう》は、政治《せいじ》の実権《じっけん》を幕府《ばくふ》から朝廷《ちょうてい》に取《と》り戻《もど》そうと、鎌倉幕府《かまくらばくふ》を倒《たお》す計画《けいかく》を立《た》てます。その呼《よ》びかけに楠木正成《くすのきまさしげ》や新田義貞《にったよしさだ》といった武士《ぶし》がこたえて、幕府《ばくふ》の有力御家人《ゆうりょくごけにん》・足利尊氏《あしかがたかうじ》も反旗《はんき》をひるがえします。そして1333（元弘《げんこう》3）年《ねん》、鎌倉《かまくら》幕府《ばくふ》は滅亡《めつぼう》しました。

室町《むろまち》時代《じだい》のキーパーソン 2

朝廷《ちょうてい》による政治《せいじ》を復活《ふっかつ》させた

後醍醐天皇《ごだいごてんのう》

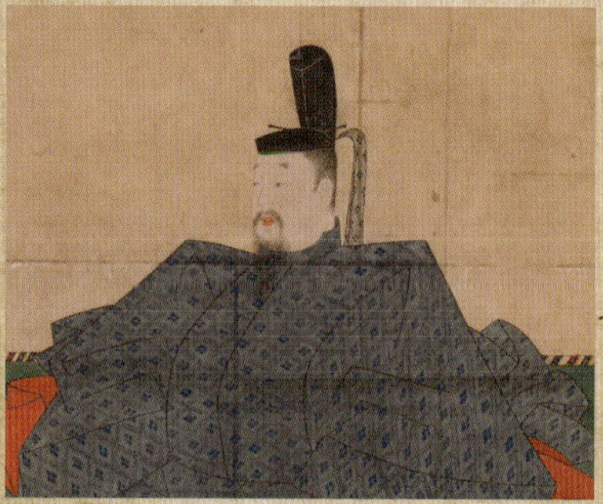

★生没年《せいぼつねん》 1288～1339年《ねん》
鎌倉《かまくら》・南北朝時代《なんぼくちょうじだい》の天皇《てんのう》。武士中心《ぶしちゅうしん》の政治《せいじ》に不満《ふまん》を持《も》ち、倒幕《とうばく》を2度《ど》計画《けいかく》するが、失敗《しっぱい》。それでもあきらめず、足利尊氏《あしかがたかうじ》たちの協力《きょうりょく》で政権《せいけん》を取《と》り戻《もど》し、「建武《けんむ》の新政《しんせい》」を行《おこな》った。

東京大学史料編纂所所蔵模写

室町《むろまち》時代《じだい》のキーパーソン 3

鎌倉幕府《かまくらばくふ》を滅亡《めつぼう》に導《みちび》いた執権《しっけん》

北条高時《ほうじょうたかとき》

★生没年《せいぼつねん》 1303～1333年《ねん》
病《やまい》を理由《りゆう》に24歳《さい》で執権《しっけん》をやめ出家《しゅっけ》するが、政治《せいじ》は人《ひと》まかせで闘犬《とうけん》などの遊《あそ》びに夢中《むちゅう》だった。倒幕軍《とうばくぐん》の新田義貞《にったよしさだ》に鎌倉《かまくら》を占拠《せんきょ》され、一族《いちぞく》で集団自決《しゅうだんじけつ》。鎌倉幕府《かまくらばくふ》を滅亡《めつぼう》に導《みちび》いた。

東京大学史料編纂所所蔵模写

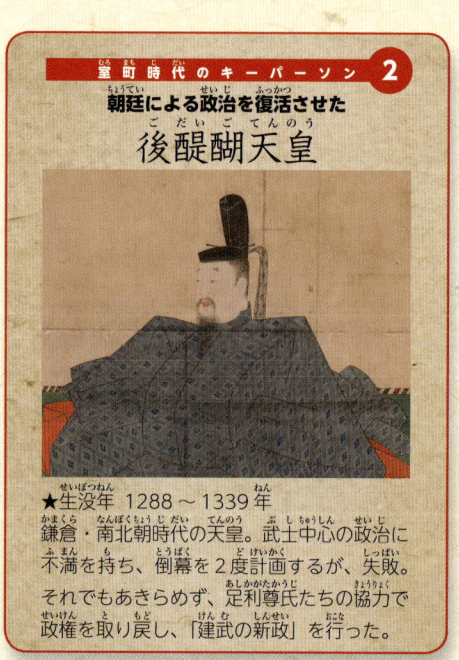

② わずか3年弱《ねんじゃく》 朝廷中心《ちょうていちゅうしん》の「建武《けんむ》の新政《しんせい》」

鎌倉幕府《かまくらばくふ》を倒《たお》すことに成功《せいこう》した後醍醐天皇《ごだいごてんのう》は、ついに政治《せいじ》の実権《じっけん》をにぎり、京《きょう》で後醍醐天皇《ごだいごてんのう》が理想《りそう》とした、朝廷《ちょうてい》を中心《ちゅうしん》とする新《あたら》しい政治《せいじ》を始《はじ》めました。これを「建武《けんむ》の新政《しんせい》」といいます。

新《あたら》しい政府《せいふ》は、重要《じゅうよう》な決定《けってい》はすべて後醍醐天皇《ごだいごてんのう》自身《じしん》が行《おこな》う独裁政治体制《どくさいせいじたいせい》でした。また貴族《きぞく》が優遇《ゆうぐう》されることが多《おお》く、武士《ぶし》の反発《はんぱつ》を買《か》うことになります。結局《けっきょく》、建武《けんむ》の新政《しんせい》は3年足《ねんた》らずしか続《つづ》きませんでした。

たった3年《ねん》
ケンムの
シンセー……

建武政府《けんむせいふ》の機構《きこう》
ぜーんぶわたしが決《き》めるのだー
ほっほっほ
地方《ちほう》
中央《ちゅうおう》（都《みやこ》）
記録所《きろくしょ》
恩賞方《おんしょうがた》
雑訴決断所《ざっそけつだんしょ》
武者所《むしゃどころ》
国司《こくし》
守護《しゅご》
陸奥将軍府《むつしょうぐんふ》
鎌倉将軍府《かまくらしょうぐんふ》

③「南北朝時代《なんぼくちょうじだい》」の始《はじ》まり

もう一度《いちど》、武家政権《ぶけせいけん》をつくろうと、武士《ぶし》たちは足利尊氏《あしかがたかうじ》をリーダーに立《た》ち上《あ》がります。こうして尊氏軍《たかうじぐん》と、後醍醐天皇《ごだいごてんのう》の朝廷軍《ちょうていぐん》との戦《たたか》いが始《はじ》まりました。

最初《さいしょ》は負《ま》け気味《ぎみ》だった尊氏軍《たかうじぐん》ですが、やがて朝廷側《ちょうていがわ》についた楠木正成《くすのきまさしげ》や新田義貞《にったよしさだ》の軍《ぐん》を破《やぶ》り、京《きょう》を占拠《せんきょ》します。そして1336（建武《けんむ》3）年《ねん》、尊氏《たかうじ》は新《あら》たな天皇《てんのう》（光明天皇《こうみょうてんのう》）を立《た》て、新《あたら》しい朝廷《ちょうてい》（北朝《ほくちょう》）と室町幕府《むろまちばくふ》を開《ひら》きました。北朝《ほくちょう》が開《ひら》かれてから2年後《ねんご》、尊氏《たかうじ》は征夷大将軍《せいいたいしょうぐん》になりました。

一方《いっぽう》、後醍醐天皇《ごだいごてんのう》は吉野《よしの》（奈良県《ならけん》）に逃《のが》れ、朝廷《ちょうてい》をつくりました（南朝《なんちょう》）。ここにふたりの天皇《てんのう》と2つの朝廷《ちょうてい》が存在《そんざい》する「南北朝時代《なんぼくちょうじだい》」が始《はじ》まります。南北朝時代《なんぼくちょうじだい》はその後《ご》、60年《ねん》もの長《なが》い間《あいだ》、争《あらそ》いが続《つづ》きました。

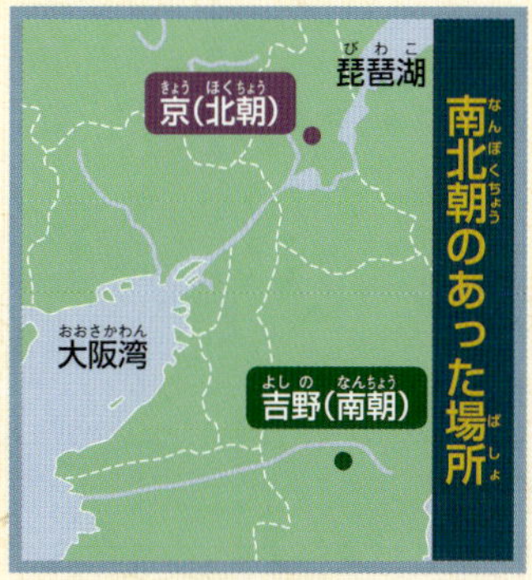
南北朝《なんぼくちょう》のあった場所《ばしょ》
琵琶湖《びわこ》
京《きょう》（北朝《ほくちょう》）
大阪湾《おおさかわん》
吉野《よしの》（南朝《なんちょう》）

みんな! ば・さ・ら・っ・て・るぅ?

3章《しょう》

絶対王者《ぜったいおうじゃ》・足利義満《あしかがよしみつ》

おまえら倭寇《わこう》だな!?
正式《せいしき》な日明貿易《にちみんぼうえき》が始《はじ》まって姿《すがた》を消《け》したと思《おも》っていたがまだいたか……!
遣明船《けんみんせん》に化《ば》けるとはフラチなヤツらめ!
な……なんでバレたんだ!? カンペキに勘合《かんごう》を写《うつ》したのに……!
勘合《かんごう》を合《あ》わせるのは明《みん》に着《つ》いた時《とき》だけだっ!
そんな基本的《きほんてき》なことも知《し》らんヤツは倭寇《わこう》に決《き》まっとろーが!!
えええ〜〜!?

それっ ひっとらえろー!!
ワーッ!!
ひいい〜〜っ!?
ややべっ ずらかるぞ おまえら!
え……ええ〜!?
ワー
ワー
だーーっっ
あっちだ にがすなー
ワー
イヤー
ワー
船《ふね》をおさえろー
ヒー
ワー
かんねんしろ〜!
……ふう なんとか 逃《に》げ切《き》ったな
仲間《なかま》を置《お》いてきてよかったの?
仲間《なかま》?
へっ! あんな連中《れんちゅう》が仲間《なかま》だって?
生《い》きていくのに利用《りよう》できるから一味《いちみ》に加《くわ》わってただけさ
そうでなきゃ倭寇《わこう》なんかに入《はい》るもんかよ……

……でおまえらいったい何者《なにもの》なんだ?
わたしエマ!こっちはケンジ♪
いや名前《なまえ》聞《き》いてんじゃねえよ……
ハッ
変《か》わった格好《かっこう》だけどどっから来《き》たんだ?
えーっとねずっと未来《みらい》のー
ガバッ
ああああああ!?
たTaka《タカ》がまたいなくなってる〜っ!!
そういや逃走中《とうそうちゅう》いなかったような……
置《お》き忘《わす》れてきちゃったんだああ〜!
捜《さが》しに戻《もど》ろう!
犬《いぬ》?
そういえば倭寇《わこう》の積《つ》み荷《に》に妙《みょう》な犬《いぬ》がまじってたから京《きょう》に連《つ》れていくとか言《い》ってたな
京《きょう》にいらっしゃる前《まえ》の将軍《しょうぐん》・足利義満《あしかがよしみつ》さまは犬《いぬ》がお好《す》きだから献上《けんじょう》するんだろ
ええ〜〜!?

た 大変《たいへん》だ! 連《つ》れ戻《もど》さなくっちゃ!
義満《よしみつ》なんかに渡《わた》してたまるかよ! アレはおれさまの……あ いや! ケンジたちの犬《いぬ》だもんな!
よーし! じゃあさっそくれっつらごー!!
ドギュ〜〜ン!
ちょっ……!? ま 待《ま》って〜!!
ところで京《きょう》ってどっち?
ええ〜!?
知《し》らん
ええええぇ〜〜!?
ドドド————…
ドドドドド
ドドド
びくっ
!?
ドヤー
!?
がー————ん

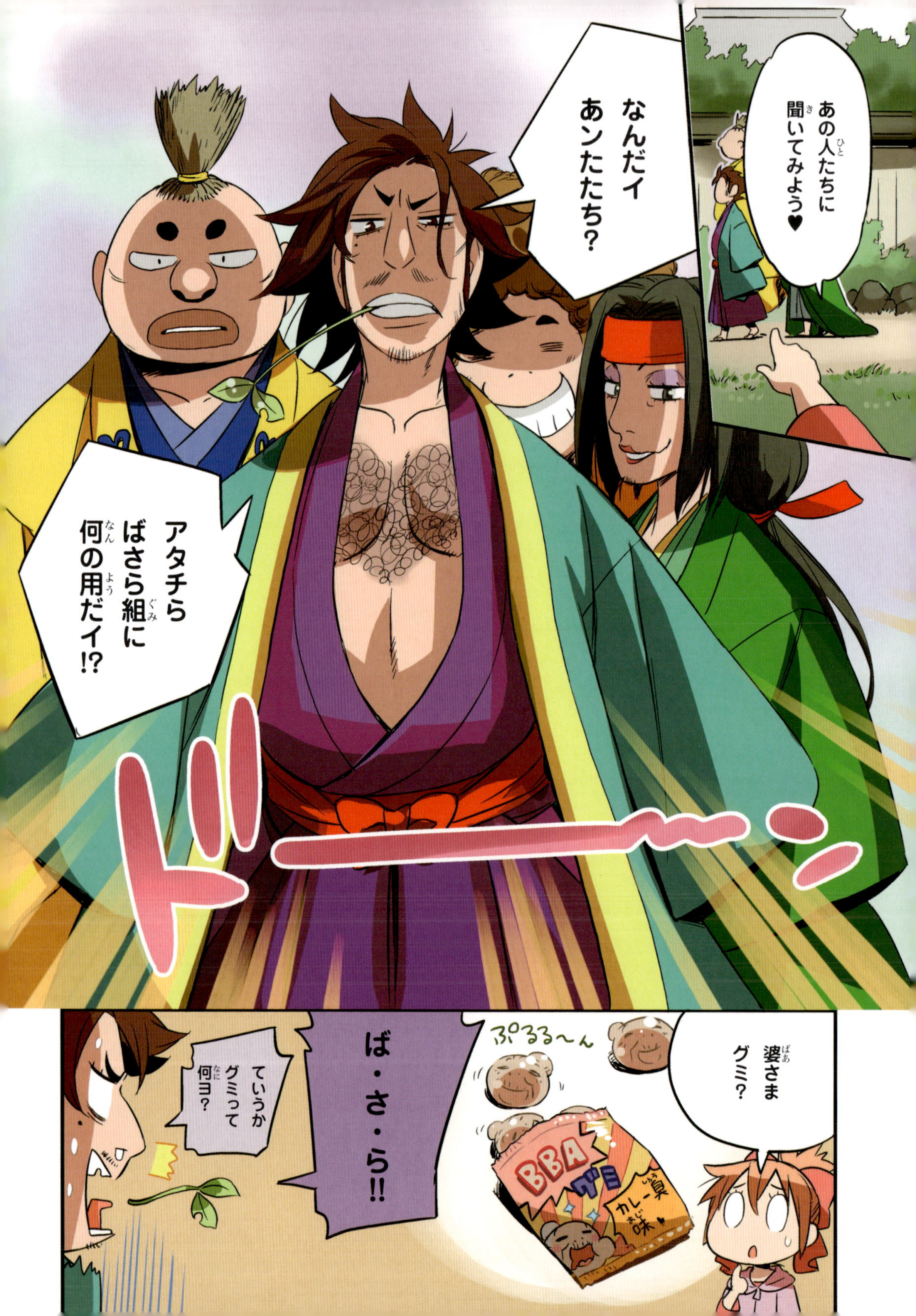
あの人《ひと》たちに
聞《き》いてみよう♥
なんだイ
あんたたち?
アタチら
ばさら組《ぐみ》に
何《なん》の用《よう》だイ!?
ドーーーン
婆《ばあ》さま
グミ?
ぷるる〜ん
BBA
グミ
臭
カレー味
ば・さ・ら!!
ていうか
グミって
何《なに》ヨ?

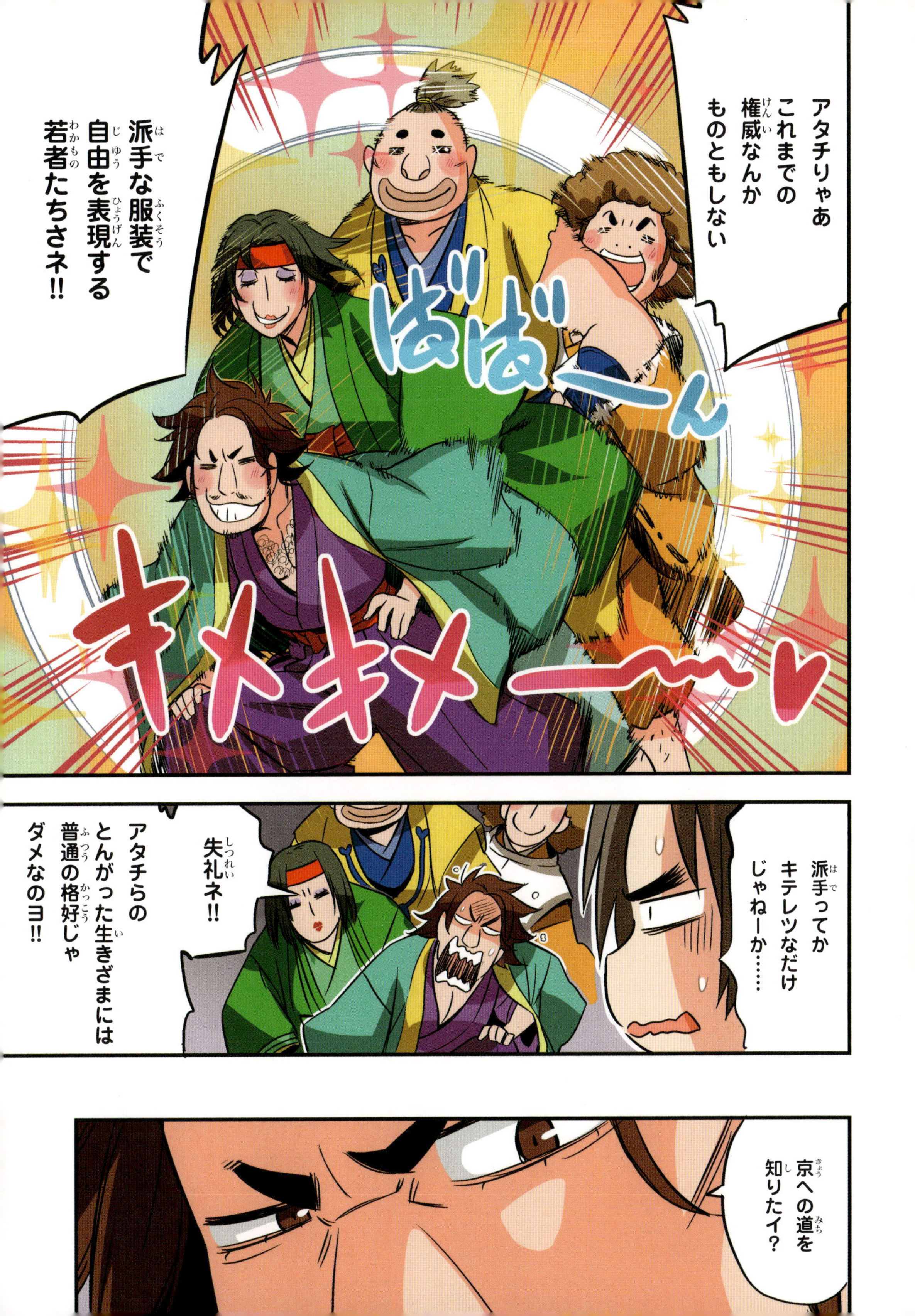
アタチりゃあ
これまでの
権威《けんい》なんか
ものともしない
派手《はで》な服装《ふくそう》で
自由《じゆう》を表現《ひょうげん》する
若者《わかもの》たちさネ!!
ばば～ん
キメキメ～…♥
派手《はで》ってか
キテレツなだけ
じゃねーか……
失礼《しつれい》ネ!!
アタチらの
とんがった生《い》きざまには
普通《ふつう》の格好《かっこう》じゃ
ダメなのヨ!!
京《きょう》への道《みち》を
知《し》りたイ?

その珍《めずら》しい服《ふく》…… あんたたちもばさら者《もの》と見《み》たワ!
けど ぜんっぜん中途半端《ちゅうとはんぱ》!
じろじろ
アタチらはハンパなヤツは大《だい》っキライさネ!
このばさら組《ぐみ》にモノを尋《たず》ねたキャ
最《さい》ッ高《こう》にばさらな格好《かっこう》でアタチらをうならせてごらんヨ!
ビッシ～
キメッ～
ええ～!?
うならせるってどうすればいいの……?
要《よう》はあいつらよりキテレツな格好《かっこう》をすればいいんじゃねーか?
キテレツって派手《はで》でヘンテコってこと? ボクらはこの服《ふく》しかないんだけど……
派手派手《はではで》にすればいいのか! よーし! エマにまかせろ～♥

ばりこーーーん!!
!?
!?
ひいいいいいいっ!?
しゅ しゅごイ……ッ!!!
ばさらってるぅぅッ!!
超《ちょう》ばさらってるワ
このコたちィィィッ!!!
コドモとは思《おも》えぬ
凶悪《きょうあく》なばさらっぷりヨォォォ!!!
「ばさらってる」って何《なに》?
そんな言葉《ことば》あるのかよ……
ギャース
※ありません

すごいわ あンたたちッ!!
わ――♥
すごすぎて おしっこ もらしそうに なっちゃっタ
やるじゃないイ
末恐《すえおそ》ろしい わネ
気《き》に入《い》ったワ! アタチら今日《きょう》から ばさら仲間《なかま》ヨッ!
マブダチよっ♥
わーい エマたち まぶだちだぁ～♫
よーし アタチらが京《きょう》まで 連《つ》れてって
あ・げ・ル☆
おわ!?
ななんや あのヘンな集団《しゅうだん》!?
ゾロ ゾロ
ヒィ～
……ボク……
いつまでこの 格好《かっこう》してなきゃ いけないんだろう……

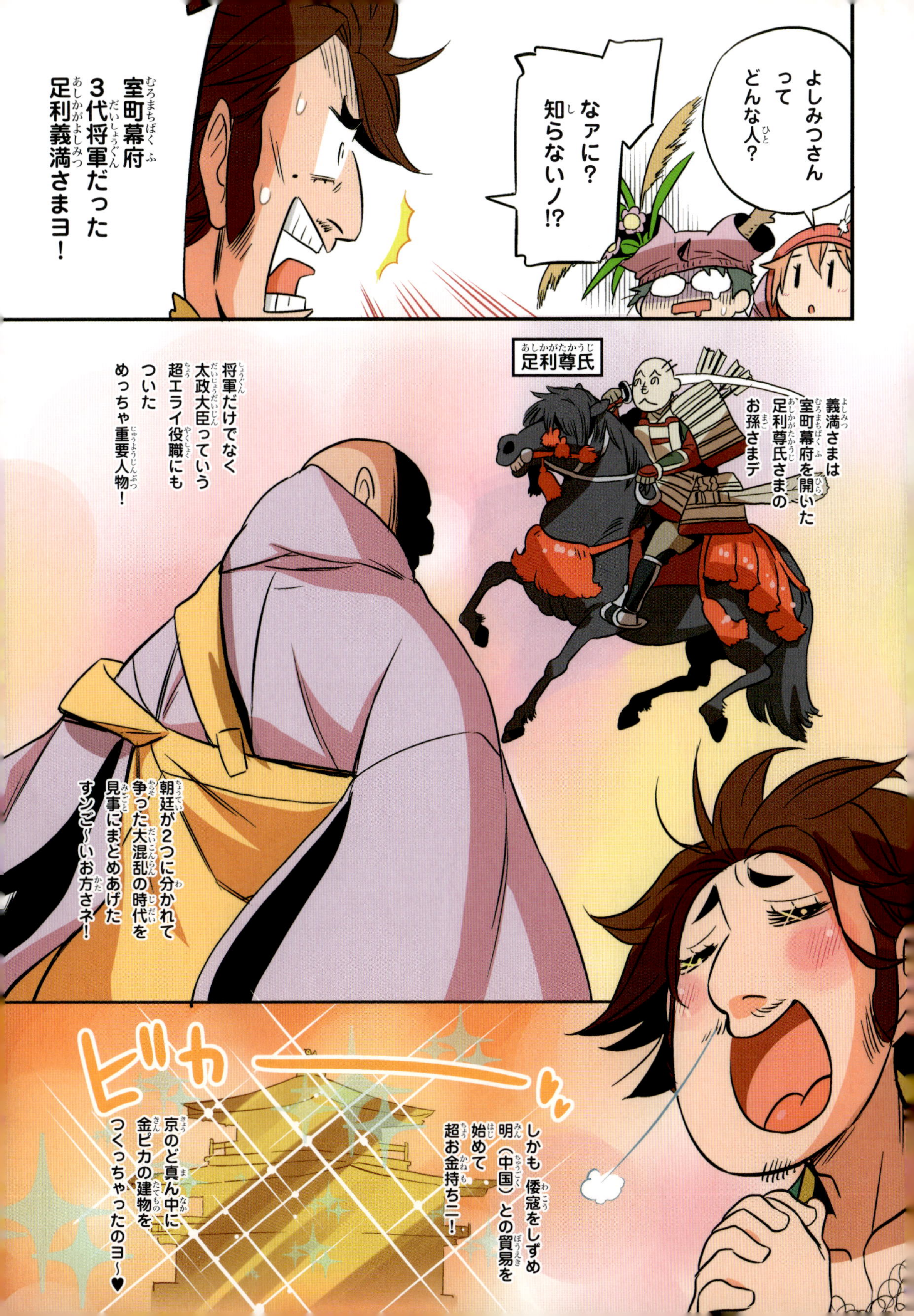
よしみつさんって どんな人《ひと》？
なァに？ 知《し》らないノ!?
室町幕府《むろまちばくふ》 3代将軍《だいしょうぐん》だった 足利義満《あしかがよしみつ》さまヨ！
義満《よしみつ》さまは 室町幕府《むろまちばくふ》を開《ひら》いた 足利尊氏《あしかがたかうじ》さまの お孫《まご》さまデ
足利尊氏《あしかがたかうじ》
将軍《しょうぐん》だけでなく 太政大臣《だいじょうだいじん》っていう 超《ちょう》エライ役職《やくしょく》にも ついた めっちゃ重要人物《じゅうようじんぶつ》！
朝廷《ちょうてい》が2つに分《わ》かれて 争《あらそ》った大混乱《だいこんらん》の時代《じだい》を 見事《みごと》にまとめあげた すンご～いお方《かた》さネ！
しかも 倭寇《わこう》をしずめ 明《みん》（中国《ちゅうごく》）との貿易《ぼうえき》を 始《はじ》めて 超《ちょう》お金持《かねも》ちニ！
ビヵ———♥
京《きょう》のど真《ま》ん中《なか》に 金《きん》ピカの建物《たてもの》を つくっちゃったのヨ～♥

……エライ連中《れんちゅう》に反抗《はんこう》するって言《い》ってたくせに義満《よしみつ》のことは激《げき》ホメだな……
なっ何《なん》のことかしラ…ッ?
ほら 京《きょう》が見《み》えてきたヨ～♪
わ～♥
せっかくだしアタチらも見物《けんぶつ》してくかネ♪
行《い》こう行《い》こう!
ワイ
ワイ
金《きん》ピカ見《み》てぇ～♥
おわあああああああ!?
ギャーム

ななんやその
キテレツな
格好《かっこう》は!?
おおまえたち
ばさら者《もの》やな!
これより京
しっしっ
幕府《ばくふ》のお達《たっ》しで
ばさらはとっくに禁止《きんし》や!
京《きょう》に足《あし》を踏《ふ》み入《い》れる
のは許《ゆる》さへんで!
ガ――――ン
ええ――っ!?
何《なに》が
許《ゆる》さんだ
エラそうに!
そんな決《き》まり
知《し》ったこっちゃ
ねえぜ!
なあ
おまえら!
どげざ――
はは～
かしこまり
ましタ～!
ええ～!?
言《い》ってることと
やってることが
違《ちが》うじゃねーか……
とんがってるの
格好《かっこう》だけ
じゃん～
う……
うっさいわネ!
決《き》まりごとを破《やぶ》る
なんて
犯罪者《はんざいしゃ》じゃないのヨ!
アタチら
格好《かっこう》はアレだけど
イイ子《こ》なのヨッ!

残念《ざんねん》だけどアタチらはここまでヨ……
幕府《ばくふ》が決《き》めた決《き》まりには従《したが》わなくチャ
名残《なごり》おしいぜ……
この普通《ふつう》の着物《きもの》をあげるワ
コレなら京《きょう》に入《はい》れるはずヨ
なごりおしいワ…
わーーい
ありがと～♥
ホッ
やっとマトモな服《ふく》だぁ…
お返《かえ》しにエマたちの服《ふく》あげる～♥
ええっ!?
いいいノ……!?
いやーんステキ♥
これでまたアタチらのばさら度《ど》激《げき》アゲ～!!

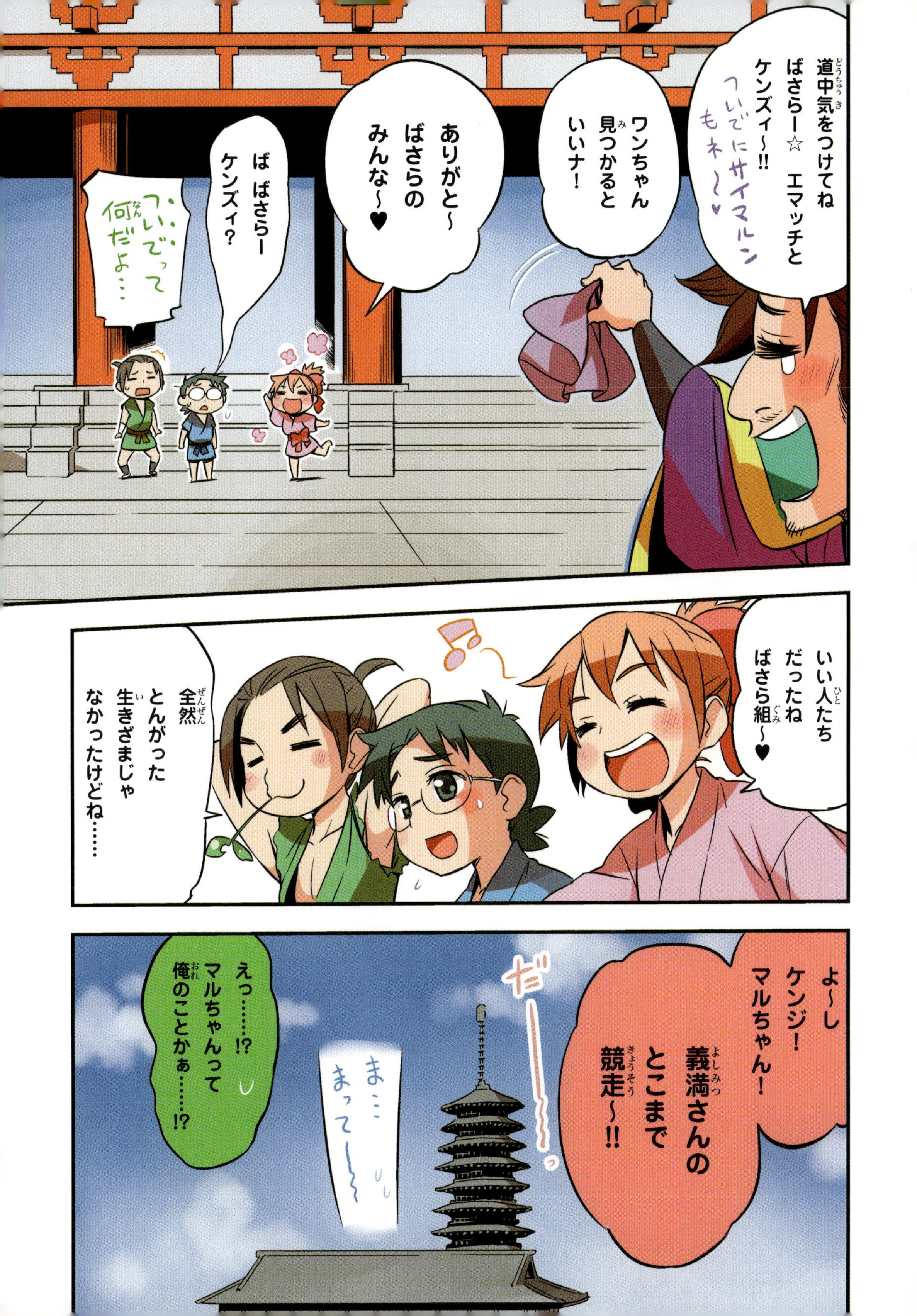

道中《どうちゅう》気《き》をつけてね ばさらー☆ エマッチと ケンズィ～!!
ついでにサイマルンもネ～♥
ワンちゃん 見《み》つかると いいナ!
ありがと～ ばさらの みんな～♥
ば ばさらー ケンズィ?
つ…ついでって 何《なん》だよ…
いい人《ひと》たち だったね ばさら組《ぐみ》～♥
全然《ぜんぜん》 とんがった 生《い》きざまじゃ なかったけどね……
よ～し ケンジ! マルちゃん! 義満《よしみつ》さんの とこまで 競走《きょうそう》～!!
だー～～っ
えっ……!? マルちゃんって 俺《おれ》のことかぁ……!?
ま… まってー～

倭寇《わこう》と勘合貿易《かんごうぼうえき》

① 中国《ちゅうごく》や朝鮮沿岸《ちょうせんえんがん》の海《うみ》で暴《あば》れまわる！

倭寇《わこう》とは、中国《ちゅうごく》や朝鮮《ちょうせん》の沿岸《えんがん》を中心《ちゅうしん》に13世紀頃《せいきごろ》に現《あらわ》れた、船《ふね》や港《みなと》の積《つ》み荷《に》や食《た》べ物《もの》を奪《うば》ったり、村《むら》に火《ひ》をつけたり、住人《じゅうにん》をさらったりした海賊《かいぞく》です。海賊《かいぞく》が出始《ではじ》めた頃《ころ》、その集団《しゅうだん》の中《なか》に倭人《わじん》（日本人《にほんじん》）をたくさん見《み》かけたことから、中国《ちゅうごく》・朝鮮側《ちょうせんがわ》が倭寇《わこう》と名《な》づけました。倭寇《わこう》は、15世紀《せいき》まで活動《かつどう》した前期倭寇《ぜんきわこう》（日《に》本人《ほんじん》が中心《ちゅうしん》）と、16世紀《せいき》に活動《かつどう》した後期倭寇《こうきわこう》（中国《ちゅうごく》人《じん》が中心《ちゅうしん》）に分《わ》けられます。

倭寇《わこう》は、明《みん》（中国《ちゅうごく》）や朝鮮《ちょうせん》の人々《ひとびと》からとてもおそれられました。当時《とうじ》、朝鮮半島《ちょうせんはんとう》にあった高麗《こうらい》という王朝《おうちょう》がおとろえた大《おお》きな理由《りゆう》の1つとして、この倭寇《わこう》があげられるほどです。

あまりの暴《あば》れぶりに手《て》を焼《や》いた明《みん》は、日本《にほん》に倭寇《わこう》を取《と》り締《し》まるように求《もと》めます。それに対《たい》して室町幕府《むろまちばくふ》の足利義満《あしかがよしみつ》は、その依頼《いらい》を引《ひ》き受《う》けました。

「倭寇図巻《わこうずかん》」から
中国大陸沿岸《ちゅうごくたいりくえんがん》を荒《あ》らしまわった倭寇《わこう》（右側《みぎがわ》）と、倭寇《わこう》を退治《たいじ》しようとする明《みん》（中国《ちゅうごく》）の軍勢《ぐんぜい》（左側《ひだりがわ》）
東京大学史料編纂所所蔵

前期倭寇《ぜんきわこう》は
九州《きゅうしゅう》や瀬戸内海《せとないかい》の
海《うみ》の男《おとこ》が
多《おお》かったぜ！

②「勘合《かんごう》」が合《あ》っていれば、正式《せいしき》な貿易船《ぼうえきせん》

倭寇《わこう》をしずめた室町幕府《むろまちばくふ》は、明《みん》と貿易《ぼうえき》を始《はじ》めました。この貿易《ぼうえき》では正式《せいしき》な貿易船《ぼうえきせん》だとわかるように、「勘合《かんごう》」という合札《あいふだ》の証明書《しょうめいしょ》が使《つか》われました。このことから、この時期《じき》の日本《にほん》と中国《ちゅうごく》との貿易《ぼうえき》（日明貿易《にちみんぼうえき》）を勘合貿易《かんごうぼうえき》とも呼《よ》びます。

また日明貿易《にちみんぼうえき》は、日本《にほん》が大国《たいこく》の明《みん》に「みつぎ物《もの》」を差《さ》し出《だ》し、明《みん》が日本《にほん》に「お返《かえ》し」を与《あた》える、朝貢《ちょうこう》という形式《けいしき》の朝貢貿易《ちょうこうぼうえき》でした。朝貢《ちょうこう》は、みつぎ物《もの》よりお返《かえ》しのほうの価値《かち》があったことから、室町幕府《むろまちばくふ》はばく大《だい》な利益《りえき》を手《て》に入《い》れることになりました。

日明貿易《にちみんぼうえき》が始《はじ》まると倭寇《わこう》はすっかり下火《したび》になったのよ♡

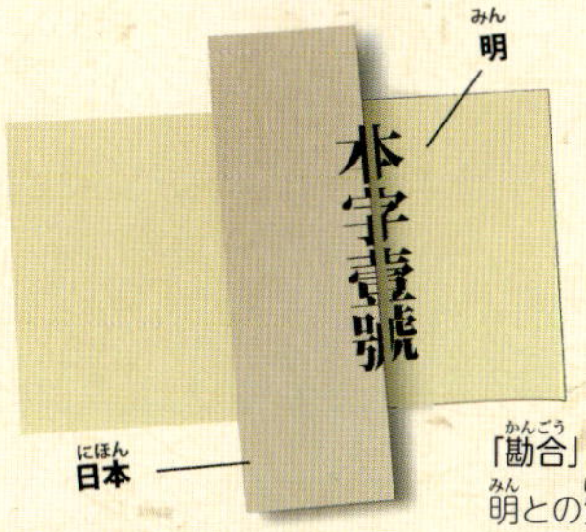
明《みん》
本字壹號
日本《にほん》

「勘合《かんごう》」の合札《あいふだ》

明《みん》との貿易《ぼうえき》では、このような「勘合《かんごう》」が使《つか》われた。日本《にほん》から持《も》っていく札《ふだ》（左側《ひだりがわ》）と、明《みん》で保管《ほかん》している台帳《だいちょう》（右側《みぎがわ》）が合《あ》うかどうかで、正式《せいしき》な貿易船《ぼうえきせん》かを見分《みわ》けたという

明《みん》との貿易《ぼうえき》のために海《うみ》を渡《わた》った遣明船《けんみんせん》

日本《にほん》から明《みん》への「みつぎ物《もの》」は刀《かたな》、銅《どう》、扇《おうぎ》などで、明《みん》から日本《にほん》への「お返《かえ》し」は銅銭《どうせん》、生糸《きいと》、陶磁器《とうじき》などだった

「真如堂縁起」から　真正極楽寺蔵

4章《しょう》 京《きょう》でがっぽり大《おお》もうけ！

お茶《ちゃ》の葉《は》を粉《こな》にして飲《の》むようになったのは鎌倉時代《かまくらじだい》から！

京《きょう》に来《き》たはいいけどどこにいるんだろう義満《よしみつ》さま……
よし！呼《よ》んでみよう♥
おーーい義満《よしみつ》さ～ん!!どーこでーすか～!?
いやいや返事《へんじ》が返《かえ》ってくるわけねーだろ……！

それにしても京《きょう》はにぎやかだな～
なんだか金《かね》のにおいがぷんぷんするぜ～♥
お店《みせ》がいっぱいだぁ～♥
ガヤ
ガヤ
らっしゃいらっしゃい～

あっなんかストリートパフォーマンスみたいのやってる～！
「田楽《でんがく》」だな
トン
ツク
ピ～ヒャラ
ヤンヤ
ヤンヤ

昔《むかし》 田《た》植《う》えの前《まえ》に豊作《ほうさく》を祈《いの》ってやってた踊《おど》りがもとになった芸能《げいのう》さ
あいつらはそれでメシを食《く》ってんだ
へえ要《よう》するにプロのダンサーかぁ……
ほかにも「猿楽《さるがく》」っていうモノマネが得意《とくい》な集団《しゅうだん》もいるぜ
たしか それらをすごい芸術《げいじゅつ》にまで高《たか》めたってヤツがいるんだけど何《なん》て名《な》だったかなぁ……
野菜《やさい》に魚《さかな》
カナアミだったかニイニニイゼミだったか……
紙《かみ》に陶磁器《とうじき》に織物《おりもの》……
あれは工具《こうぐ》かな?
いろんなモノが売《う》ってるね
ふうん
……?

あっ！お風呂屋《ふろや》さんまであるよ～♪
何《なん》だか鎌倉時代《かまくらじだい》より町《まち》が活気《かっき》づいてる気《き》がする……
ガヤガヤ
何《なん》だいまるで鎌倉時代《かまくらじだい》知《し》ってるみたいな言《い》い方《かた》だなぁ
あっいいやみ見《み》てないけどね……っ
ギク
だいぶ昔《むかし》だぜ？
明《みん》からたくさんのモノや銭《ぜに》が入《はい》ってきたおかげでエライ連中《れんちゅう》は大《おお》もうけさ
庶民《しょみん》もそのおこぼれで商売大繁盛《しょうばいだいはんじょう》ってわけだ
あっちからおいしそうなにおいがする～♥
おい!? エマ何《なん》だ急《きゅう》に……!
くんくん
ドギューーン!
ぱたーん
あっ……ころんだ
し～～～ん
……
……
!?

ど　どうしたの
エマ……!?
だっ
頭《あたま》でも
打《う》ったか……!?
ズザー
ぐうぅ
ぎゅるるる～～～
おなかすいたぁ
～～……
ぎゅるるりる～～
そういや
こっち来《き》てから
何《なに》も食《た》べてない……
うーん
飯屋《めしや》はあるけど
金《かね》持《も》ってねえ
からなあ……
死《し》ぬう～
あっ……
お茶《ちゃ》のにおいが
する……♥
のどがかわいた
お茶《ちゃ》飲《の》みたい～
くん
くん
喫茶《きっさ》かあ
タダじゃ
飲《の》ませて
くんねえ
だろうなあ
茶

くん くん くん くん
おにぎりのにおいもする～
くん くん くん
どっかで貝焼《かいや》いてる～アサリだぁ♥
あっちからはお味噌《みそ》のにおい～
むむっ これは草《くさ》もちかな……?
ぐ～～
あー もう! やめろよエマ! よけいおなかすくだろ～!
ぐ～～
な なんつー鼻《はな》だ……
犬かよ
ピコーン
!!
そ そうだっ!
いいこと思《おも》いついた! ついてこい エマ! ケンジ!
え…… な 何《なに》!?
いいから来《こ》い!
金《かね》かせいでメシたらふく食《く》わせてやっからっ!
へ……!?
だっ

チャカ
チャカ
チャカ
チャ
……えーと……
チャカチャカチャカチャカチャカチャカチャカチャカ
ぐううううう～
これは……？
お茶会《ちゃかい》……？

お茶一杯分《ちゃいっぱいぶん》のお金《かね》すらないんだけど……
心配《しんぱい》すんな！ ここは茶《ちゃ》を買《か》って飲《の》む場《ば》じゃねえ
「闘茶《とうちゃ》」って競技《きょうぎ》のま 賭《か》け事《ごと》の場《ば》さ！
か……賭《か》け事《ごと》!?
ダッ ダメだよ！ ギャンブルなんて不良《ふりょう》のやることだよ！
不良《ふりょう》なんかになっちゃったらママが怒《おこ》るよ！
ぎゃ……ぶる？ なんだそれ？
コレは公家《くげ》だけでなく武士《ぶし》や坊《ぼう》さんまでもが夢中《むちゅう》になっている高貴《こうき》な遊《あそ》びなんだよ！
ていうかココで金《かね》かせがないと飢《う》え死《じ》にしちまうぞいいのかよ？
ヒッ
なっ 飢《う》え死《じ》にはやだよなエマ!?
ぐ〜〜〜
ぐ〜〜〜
※返事《へんじ》

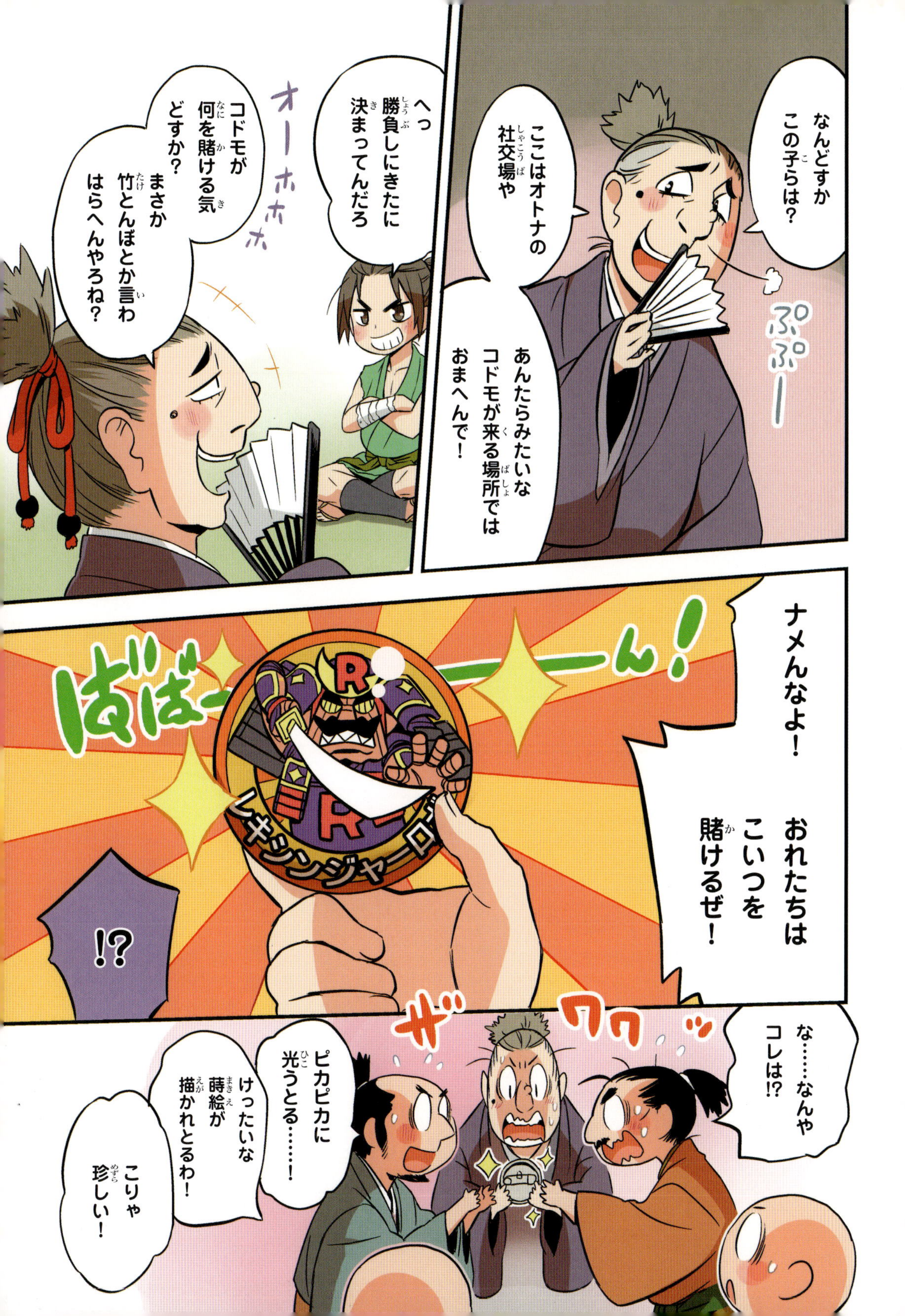
なんどすか この子《こ》らは?
ぷぷー
ここはオトナの 社交場《しゃこうば》や
あんたらみたいな コドモが来《く》る場所《ばしょ》では おまへんで!
へっ 勝負《しょうぶ》しにきたに 決《き》まってんだろ
オーホホホ
コドモが 何《なに》を賭《か》ける気《き》 どすか?
まさか 竹《たけ》とんぼとか言《い》わ はらへんやろね?
ナメんなよ!
おれたちは こいつを 賭《か》けるぜ!
ばばーーーん!
レキシンジャー
!?
ザワワッ
な……なんや コレは!?
ピカピカに 光《ひこ》うとる……!
けったいな 蒔絵《まきえ》が 描《え》かれとるわ!
こりゃ 珍《めずら》しい!

フン!!
よろしおす!
では わてはコレで勝負《しょうぶ》や!
ドーーン
みなさん 準備《じゅんび》はよろしいですね!
ぐう～う～う～う～
勝負《しょうぶ》は四種十服茶《ししゅじっぷくちゃ》ッ!
と 闘茶《とうちゃ》って何《なに》をやるの……?
簡単《かんたん》さ
茶《ちゃ》の銘柄《めいがら》を飲《の》んで当《あ》てればいいんだよ
ぎゅるるる～
ここに産地《さんち》の違《ちが》う茶葉《ちゃば》を4種類《しゅるい》用意《ようい》しました
これを私《わたし》がばらばらの順番《じゅんばん》でいれますのでみなさんはそれが どの茶葉《ちゃば》か当《あ》ててくだされ
10杯《ばい》のうち何回《なんかい》正解《せいかい》したかを競《きそ》っていただきます

ペットボトルのお茶《ちゃ》飲《の》んでメーカー当《あ》てるみたいなもんかな……って
こ こんなのわかるワケないよ……！
大丈夫《だいじょうぶ》だ おれのカンだがエマの野性的《やせいてき》な嗅覚《きゅうかく》ならきっとできる！ なっ エマ！
飲《の》む前《まえ》に茶葉《ちゃば》のにおいをかがせてもらっていいかい？
ケラ ケラ
茶葉《ちゃば》のにおい？ はっはっは 犬《いぬ》じゃあるまいし 味見《あじみ》もせず 何《なに》が わかるいうんや
まあ 好《す》きにしや
よし エマ こいつをかげ！
くん くん
ガバッ
お茶《ちゃ》だあああっ♥
それぞれのにおいをよく覚《おぼ》えろよ？
くん くん くくくん
当《あ》てまくってうまいメシをたらふく食《く》おうぜ！
ごはん!? 食《た》べる～～っ ♥♥

ズー
2番《ばん》!
ズズズー〜
3番《ばん》!
ズズズ
ゴクゴクッ
4番《ばん》!
ゴクク〜♥
1番《ばん》 また2番《ばん》〜♥
……エ エマどのぜ 全問正解《ぜんもんせいかい》!
ガーン
や やったあ!
うっひょ〜っ! これ全部《ぜんぶ》 おれのもんだぜ〜♥
おれたちのでしょ……
や……やるやないか! 今度《こんど》はコレを賭《か》けるおすえ〜!
高価《こうか》なカケジクや〜!!
よっしゃ! こっちもじゃんじゃん賭《か》けるぜ!
ええ!? せ せっかく勝《か》てたんだし もういいじゃん……
ばっか 勝負《しょうぶ》はこれからよ!
ケンジも賭《か》けろ! ほれコレ!

3 4 4 2 3 1 2 2 4 3～♥
だばばだばば〜
ぜ……全問《ぜんもん》正解《せいかい》……
うおおおおおおっ でかしたエマー―!
ドンッ!
き きぃぃぃーーッ！
まだまだイクわよーッ！
正解《せいかい》……っ
エマどのの勝《か》ち
また正解《せいかい》！
ズズーズルル〜
ゴクゴク ゲフ〜♥
勝《か》ちっ エマどの
全問正解《ぜんもんせいかい》ーー!!
エマ WIN!
ひゃっほおおおおおおう♫♪♥
ややったぜ エマ!! おれたち 超《ちょう》大金《おおがね》持《も》ちだっ
ケンジは どうだ!?

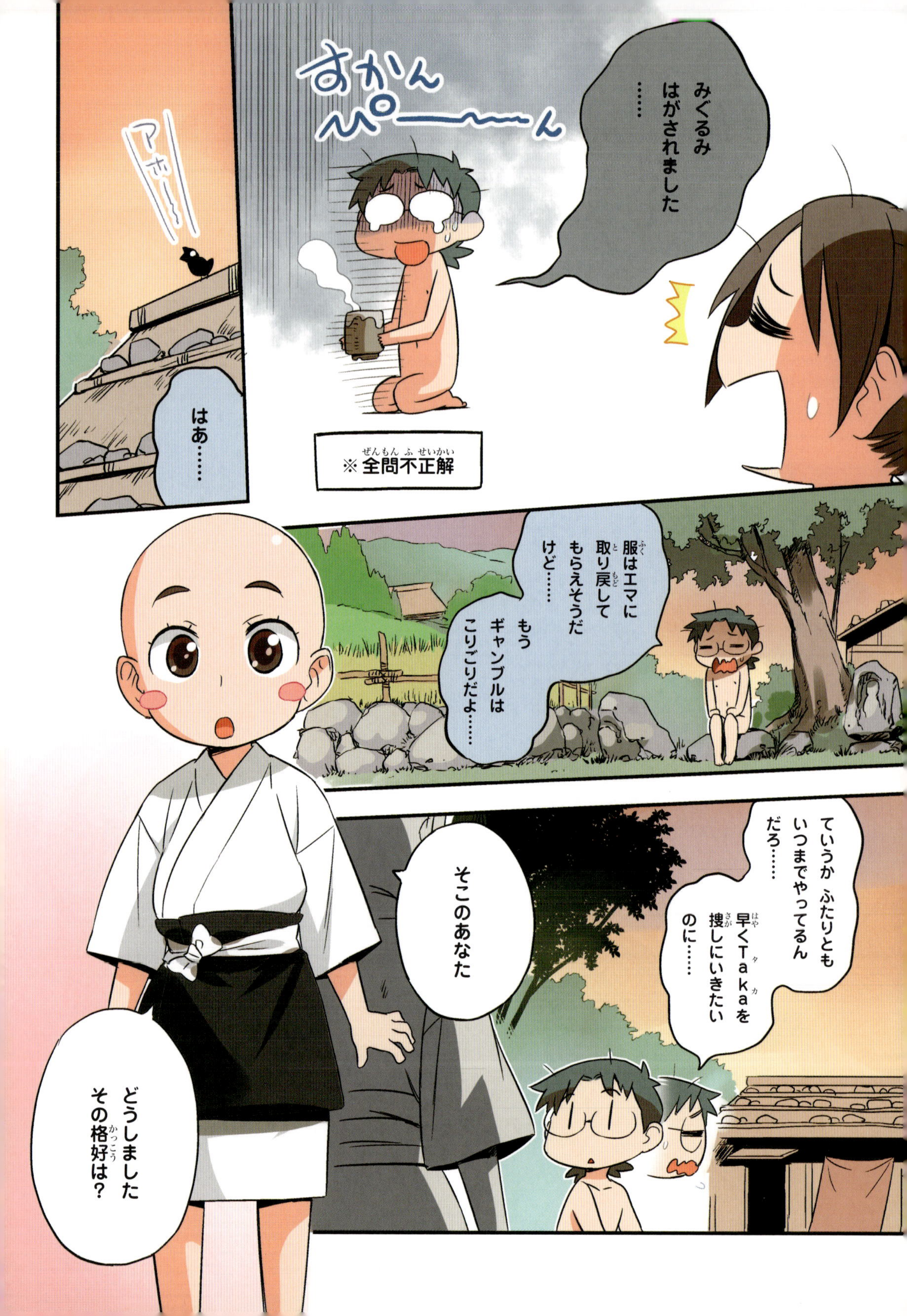

みぐるみはがされました……
すかんぴーーーん
※全問不正解《ぜんもんふせいかい》
アホ～～
はあ……
服《ふく》はエマに取《と》り戻《もど》してもらえそうだけど……
もうギャンブルはこりごりだよ……
ていうか ふたりともいつまでやってるんだろ……
早《はや》くTaka《タカ》を捜《さが》しにいきたいのに……
そこのあなた
どうしましたその格好《かっこう》は？

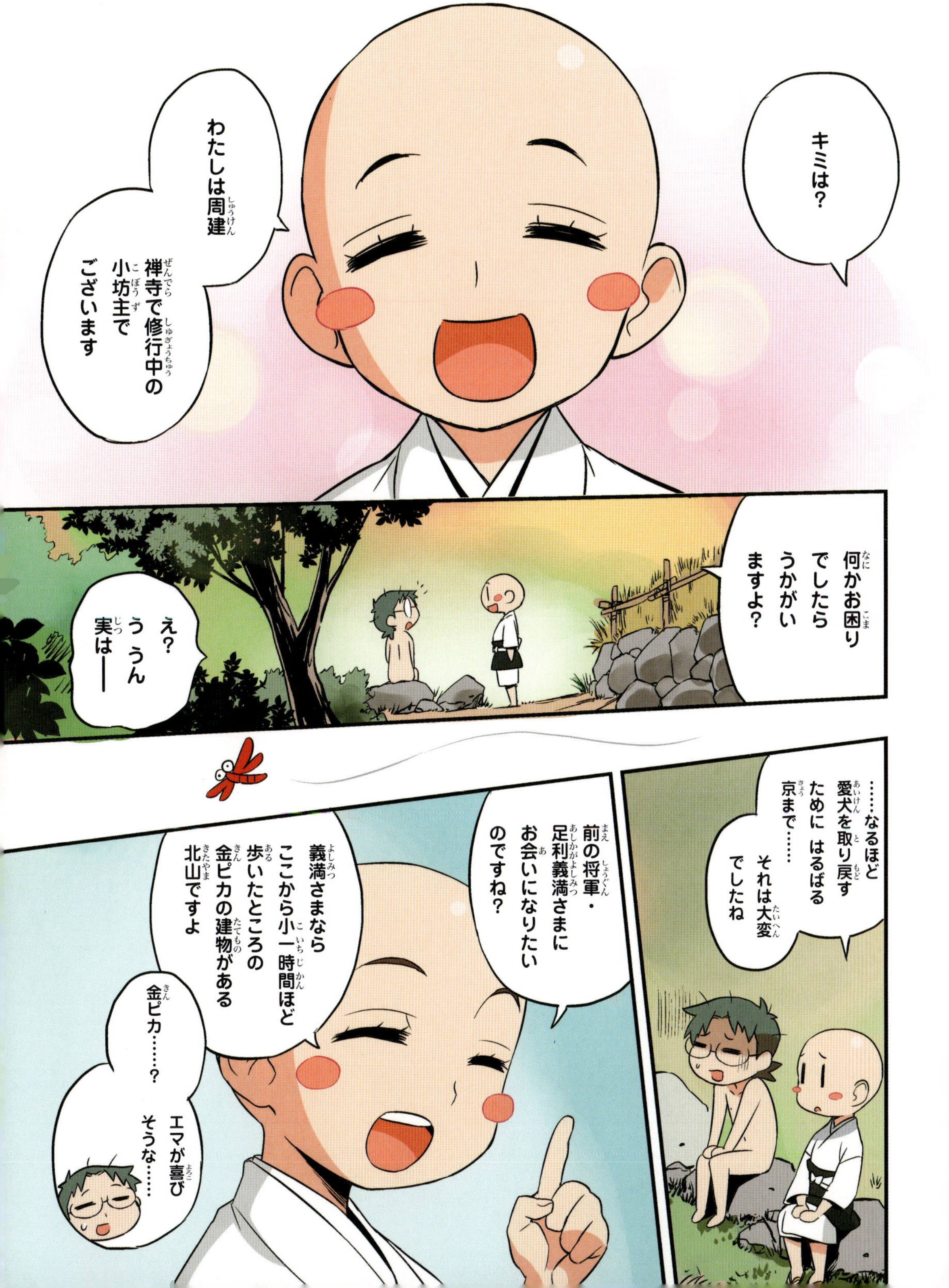
キミは？
わたしは周建《しゅうけん》禅寺《ぜんでら》で修行中《しゅぎょうちゅう》の小坊主《こぼうず》でございます
何《なに》かお困《こま》りでしたらうかがいますよ？
え？ う うん 実《じつ》は——
……なるほど 愛犬《あいけん》を取《と》り戻《もど》すために はるばる京《きょう》まで……
それは大変《たいへん》でしたね
前《まえ》の将軍《しょうぐん》・足利義満《あしかがよしみつ》さまにお会《あ》いになりたいのですね？
義満《よしみつ》さまならここから小一時間《こいちじかん》ほど歩《ある》いたところの金《きん》ピカの建物《たてもの》がある北山《きたやま》ですよ
金《きん》ピカ……？
エマが喜《よろこ》びそうな……

よろしければ わたしがご案内《あんない》いたしましょうか?
えっ? いいの?
はい 困《こま》っている人《ひと》を助《たす》けるのは僧《そう》の務《つと》めですから
ご友人《ゆうじん》もいらっしゃったようですよ
お～い ケンジ おまた～♥
そうか 金《きん》ピカに行《い》くのか
悪《わる》いが おれはここで失礼《しつれい》するぜ
よいしょ
えっ!?
おれは 実《じつ》は 貧《まず》しい村《むら》で生《う》まれて 戦《いくさ》で両親《りょうしん》も失《うしな》ったから 倭寇《わこう》に入《はい》って暮《く》らしてたんだけど
ピ～ヒョロロロ……
エマのおかげで大《おお》もうけできたし 生《う》まれ故郷《こきょう》の村《むら》に帰《かえ》って そこでやりなおすんだ……
畑《はたけ》でもやって まっとうに暮《く》らすさ
ケンジ
エマ

短《みじか》い間《あいだ》だったけど一緒《いっしょ》にいて楽《たの》しかったぜ！
もし京《きょう》の南《みなみ》のほうに来《く》ることがあったらおれの村《むら》に寄《よ》ってくれよな！
じゃあな！元気《げんき》でいろよ！
こいつは家宝《かほう》にさせてもらうぜ！
ばいばーい！マルちゃんも元気《げんき》でねーっ♪
マルちゃんって呼《よ》ぶなー!!
行《い》っちゃったね……
うん……
元気《げんき》でいてくれるといいね
うん
では わたしたちもまいりましょうか
おーーっ！
待《ま》ってろTaka《タカ》……！
今《いま》 助《たす》けにいくからな！

日本国王《にほんこくおう》・足利義満《あしかがよしみつ》

①室町幕府《むろまちばくふ》の最盛期《さいせいき》をつくった将軍《しょうぐん》

足利義満《あしかがよしみつ》は、室町幕府《むろまちばくふ》3代将軍《だいしょうぐん》です。義満《よしみつ》が生《う》まれた頃《ころ》の世《よ》の中《なか》は、朝廷《ちょうてい》が北朝《ほくちょう》と南朝《なんちょう》の2つに分《わ》かれて争《あらそ》っており、幕府《ばくふ》の力《ちから》は弱《よわ》く、不安定《ふあんてい》でした。4歳《さい》の時《とき》には室町幕府《むろまちばくふ》と対立《たいりつ》する南朝《なんちょう》の兵《へい》に攻《せ》め込《こ》まれ、京《きょう》から避難《ひなん》したこともあります。しかし、その後《ご》11歳《さい》で3代将軍《だいしょうぐん》になり、15歳《さい》で自《みずか》ら政治《せいじ》を始《はじ》めると、幕府《ばくふ》の権力《けんりょく》を確立《かくりつ》しました。この義満《よしみつ》の時代《じだい》が、室《むろ》町幕府《まちばくふ》の最盛期《さいせいき》といわれます。

②南北朝《なんぼくちょう》を1つにし、日明貿易《にちみんぼうえき》を始《はじ》める

将軍《しょうぐん》になった義満《よしみつ》は、各地《かくち》の有力《ゆうりょく》な守護大名《しゅごだいみょう》を抑《おさ》え、南北朝《なんぼくちょう》を1つにしました。また、武士《ぶし》のトップである将軍職《しょうぐんしょく》を息子《むすこ》の義持《よしもち》に譲《ゆず》ると、今度《こんど》は公家《くげ》のトップである太政大臣《だいじょうだいじん》に就任《しゅうにん》します。その後《ご》、出家《しゅっけ》して仏門《ぶつもん》に入《はい》ってからも政治《せいじ》の実権《じっけん》を握《にぎ》り続《つづ》け、明《みん》（中国《ちゅうごく》）との貿易《ぼうえき》を始《はじ》めました。

犬《いぬ》が好《す》きで
有情《うじょう》と無情《むじょう》という名《な》の
犬《いぬ》を飼《か》っていたぞ！
尊

足利義満《あしかがよしみつ》（1358～1408年《ねん》）
初代将軍《しょだいしょうぐん》・足利尊氏《あしかがたかうじ》の孫《まご》で、室町幕府《むろまちばくふ》3代将軍《だいしょうぐん》。南北朝《なんぼくちょう》の合一《ごういつ》、日明貿易《にちみんぼうえき》などを通《とお》して大《おお》きな権力《けんりょく》を手《て》にした

東京大学史料編纂所所蔵模写

義満《よしみつ》さんが
すごく
自慢《じまん》しそうな
おうちだね～

「室町殿《むろまちどの》」
義満《よしみつ》が将軍時代《しょうぐんじだい》に住《す》んでいた「室町殿《むろまちどの》」。数多《かずおお》くの草《くさ》や木《き》、花《はな》が植《う》えられていたことから「花《はな》の御所《ごしょ》」とも呼《よ》ばれた

狩野永徳「洛中洛外図」から　米沢市上杉博物館蔵

もの知《し》りコラム

室町幕府《むろまちばくふ》の法律《ほうりつ》で禁止《きんし》された「ばさら」とは？

「ばさら」とは、室町幕府《むろまちばくふ》が始《はじ》まる頃《ころ》にはやった言葉《ことば》です。この頃《ころ》、質素《しっそ》を第一《だいいち》とし、武芸《ぶげい》を重《おも》んじる今《いま》までの古《ふる》い価《か》値観《ちかん》に対抗《たいこう》した武士《ぶし》たちが登場《とうじょう》しました。彼《かれ》らによる、派《は》手《で》な服装《ふくそう》や勝手気《かってき》ままなふるまいなどを表《あらわ》した言葉《ことば》が「ばさら」です。

◆◆◆

ばさら的《てき》なふるまいをした人《ひと》で有名《ゆうめい》なのが、足利尊氏《あしかがたかうじ》の側近《そっきん》の高師直《こうのもろなお》や、ばさら大名《だいみょう》と呼《よ》ばれた佐々木導誉《ささきどうよ》などです。彼《かれ》らはわざとぜいたくな生活《せいかつ》をし、身分《みぶん》や社会《しゃかい》の決《き》まりごとを守《まも》りませんでした。そんな彼《かれ》らに手《て》を焼《や》いた室町《むろまち》幕府《ばくふ》は、1336（建武《けんむ》3）年《ねん》の「建武式目《けんむしきもく》」という法律《ほうりつ》で「ばさらを禁止《きんし》する」と書《か》いています。

義満《よしみつ》さまの頃《ころ》には
とっくに
「ばさら」はダメ
だったってワケ!!

③「日本国王《にほんこくおう》」を名乗《なの》って日本《にほん》の頂点《ちょうてん》に！しかし、息子《むすこ》からは反発《はんぱつ》され…

武士《ぶし》と公家《くげ》の両方《りょうほう》でトップの地位《ちい》を得《え》ただけでなく、義満《よしみつ》は日明貿易《にちみんぼうえき》を始《はじ》めるにあたって、明《みん》から「日《に》本国王《ほんこくおう》」の称号《しょうごう》も与《あた》えられました。

しかし、義満《よしみつ》が51歳《さい》で亡《な》くなると、4代将軍《だいしょうぐん》の義《よし》持《もち》は、父親《ちちおや》の業績《ぎょうせき》を否定《ひてい》するようになり、日明貿易《にちみんぼうえき》をやめたり、義満《よしみつ》の住《す》まいをいくつも取《と》り壊《こわ》したりしました。

これは、義満《よしみつ》が弟《おとうと》（義嗣《よしつぐ》）ばかりかわいがり、義《よし》持《もち》にあまり目《め》をかけなかったことへの反発《はんぱつ》だといわれています。

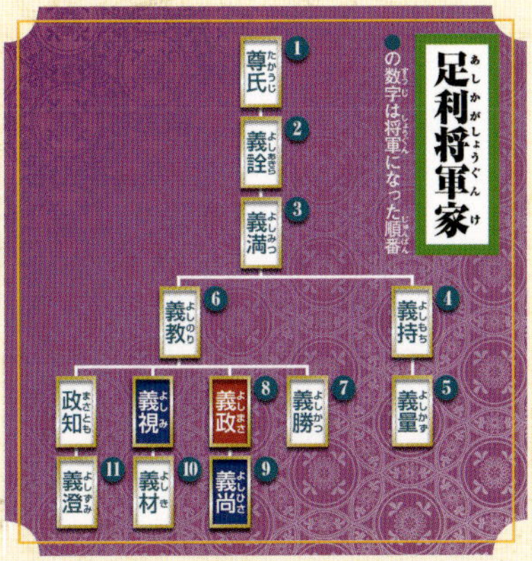
足利将軍家《あしかがしょうぐんけ》
●の数字《すうじ》は将軍《しょうぐん》になった順番《じゅんばん》
1 尊氏《たかうじ》
2 義詮《よしあきら》
3 義満《よしみつ》
4 義持《よしもち》
5 義量《よしかず》
6 義教《よしのり》
7 義勝《よしかつ》
8 義政《よしまさ》
9 義尚《よしひさ》
義視《よしみ》
10 義材《よしき》
政知《まさとも》
11 義澄《よしずみ》

5章《しょう》 Taka《タカ》を救《すく》いに 金《きん》ピカへ!

一休《いっきゅう》さん？ どなたです？
ポク ポク
チ〜ン
有名《ゆうめい》な昔話《むかしばなし》でね！ キミくらいの小坊主《こぼうず》が「とんち」でいろんな難題《なんだい》を解決《かいけつ》するんだよ〜
とんち……ですか？
たとえば この場合《ばあい》！
「はしわたるべからず」の「はし」を「橋《はし》」でなく「端《はし》」と読《よ》み替《か》えて
はしはわたってないもんね〜！
まんなかだもんね〜♥
ドヤァ
橋《はし》を渡《わた》るな ＝ 端《はし》を渡《わた》るな ＝ 真《ま》ん中《なか》ならOK《オーケイ》……ってなヘリクツをこねて堂々《どうどう》と渡《わた》るんだ！
おお！ なるほどそれは ずる賢《がしこ》い！
エマもそれ 知《し》ってる〜♥
では 真《ま》ん中《なか》を渡《わた》れば 大丈夫《だいじょうぶ》なのですね
そのとおり
さぁ みんな ボクにつづ――
ズボッ
!?

うわあああああっ
おたすけぇぇ〜!
ケンジ〜〜!?
ぴゃいっ
ゲコ
ゲコ
全然《ぜんぜん》ダメじゃ〜ん
あ……あれぇ……?おかしいなぁ……
ぜへ〜〜
ぜ〜〜
どうやら橋《はし》の板《いた》が腐《くさ》っているから渡《わた》るのが禁止《きんし》だったようですね
しかしとんちというのはなかなか使《つか》えそうな気《き》がしますね
実《じつ》はさきほど和尚《おしょう》さまの大切《たいせつ》な水飴《みずあめ》を全部《ぜんぶ》なめてしまってどう言《い》いわけしようか悩《なや》んでいたのですが
おかげさまでいい考《かんが》えが浮《う》かびそうですよ♪
そんなこんなでしばらく歩《ある》いて……
さあ着《つ》きましたよ
わあ〜!

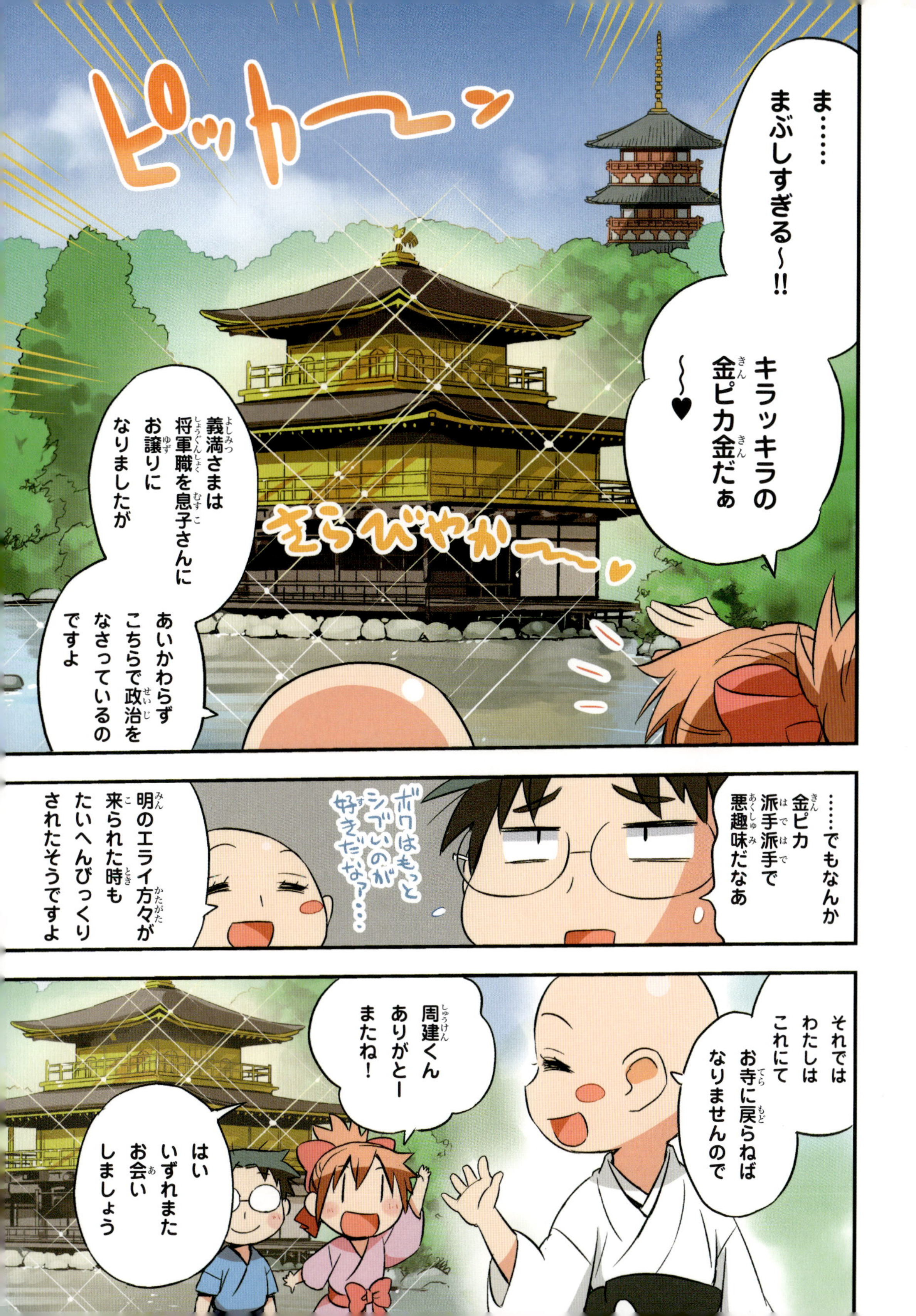

ピッカ〜〜ン
ま……まぶしすぎる〜!!
キラッキラの金《きん》ピカ金《きん》だぁ〜♥
きらびやか〜〜♥
義満《よしみつ》さまは将軍職《しょうぐんしょく》を息子《むすこ》さんにお譲《ゆず》りになりましたが
あいかわらずこちらで政治《せいじ》をなさっているのですよ
……でもなんか金《きん》ピカ派手派手《はでは で》で悪趣味《あくしゅみ》だなあ
ボワはもっとシブいのが好《す》きだなァ…
明《みん》のエライ方々《かたがた》が来《こ》られた時《とき》もたいへんびっくりされたそうですよ
それではわたしはこれにてお寺《てら》に戻《もど》らねばなりませんので
周建《しゅうけん》くんありがとーまたね!
はいいずれまたお会《あ》いしましょう

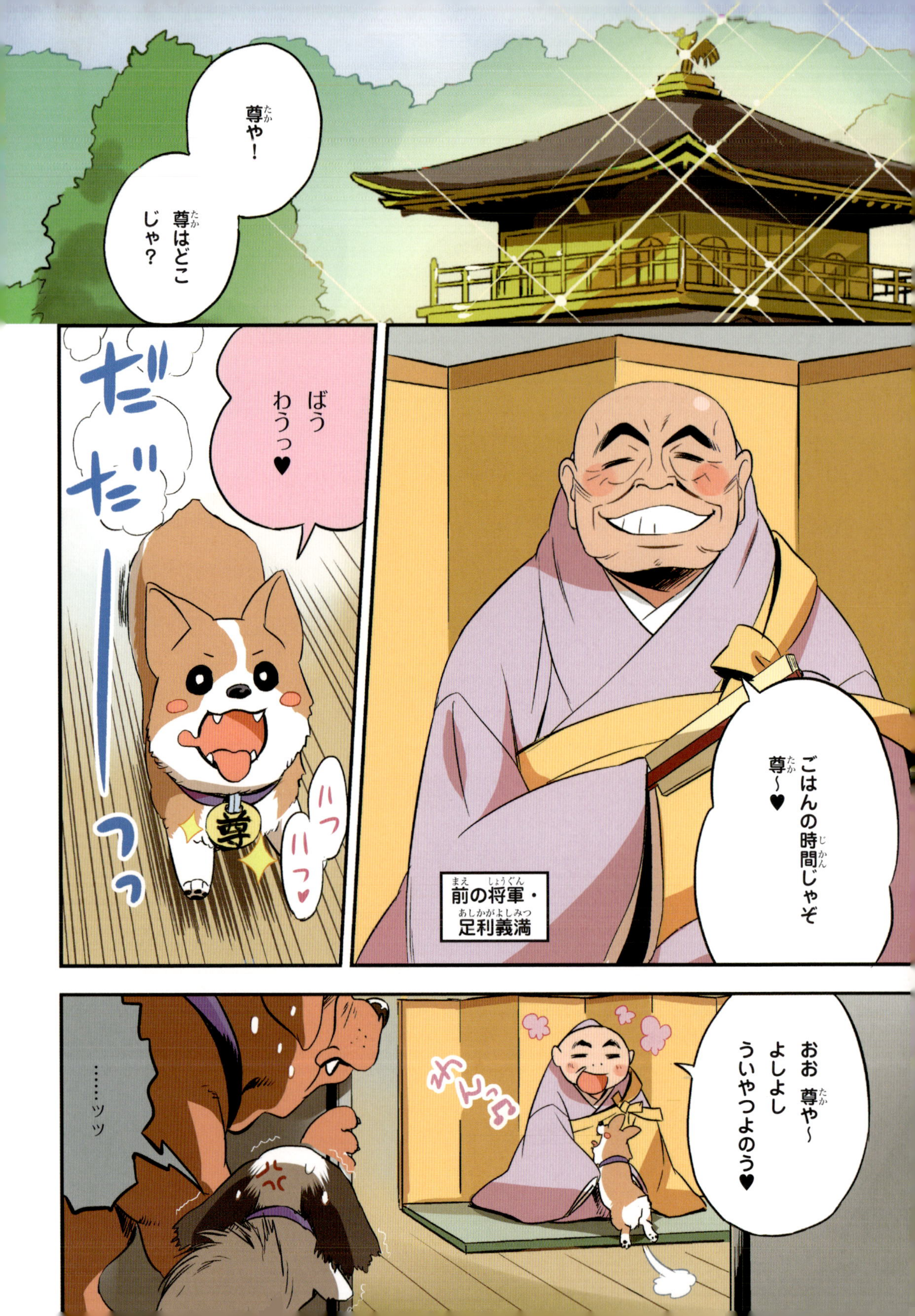
尊《たか》や！
尊《たか》はどこじゃ？
ばうわうっ♥
だだーっっ
ハフハフ♥
ごはんの時間《じかん》じゃぞ尊《たか》〜♥
前《まえ》の将軍《しょうぐん》・足利義満《あしかがよしみつ》
おお 尊《たか》や〜 よしよし ういやつよのう♥
わんっ♫
……ッツ

ゴゴ
ぐるるる〜っ
(キィィィーーッ 義満《よしみつ》さまにあんなにかわいがられてぇぇ!!!)
義満《よしみつ》の飼《か》い犬《いぬ》・有情《うじょう》
同《おな》じく・無情《むじょう》
ゴゴゴ
ぐる〜っ
(ちょっと珍《めずら》しい犬種《けんしゅ》だからって新米《しんまい》のくせになまいきだわサ!!)
ゴ
ちょっとかわいがってやろうワン
有情《うじょう》! あいつのごはんにオナラをぶっかけてやるワン!! 毒《どく》ガス攻撃《こうげき》だワン!
ばうっ…ばう
ぶばぁあ
プ〜〜
ギョエーー!! これはキツイ! 犬《いぬ》の鼻《はな》には強烈《きょうれつ》ワン〜〜ッ!!!
まさに最臭兵器《さいしゅうへいき》だワーンッ!
ヒィィィ
もわぁあ〜ん
ほーれ ごはんじゃぞ 尊《たか》〜♥
ばうっ
ばう〜
(ふひょひょひょ…ッ 必殺《ひっさつ》の毒《どく》ガスごはんを食《た》べて のたうちまわるがいい♪)
くくく…

ほれ 有情《うじょう》・無情《むじょう》も
一緒《いっしょ》に食《た》べよ♥
わおん
……!?
キャ……
キャンキャン
ぎゃわわん……っ
む? 余《よ》の
ごはんが
食《く》えんと申《もう》すか!?
なまいきな
ヤツめ
さあ食《く》え!
ぎゃわわ～ッ
(いやぁぁ～)
ぱくっ
むむっ!?
どうした無情《むじょう》?
わおおおおおんッッ
(無情《むじょう》～～ッツ)
びくん
びくん
んじょ～～
!?
犬《いぬ》の声《こえ》
……!?
……あ

だれ？
踊《おど》ってる～
！
世阿弥《ぜあみ》
おや？どうかしましたか？
えっ!?いえそのあの～
おお！世阿弥《ぜあみ》ではないか！
よう来《き》たのう！

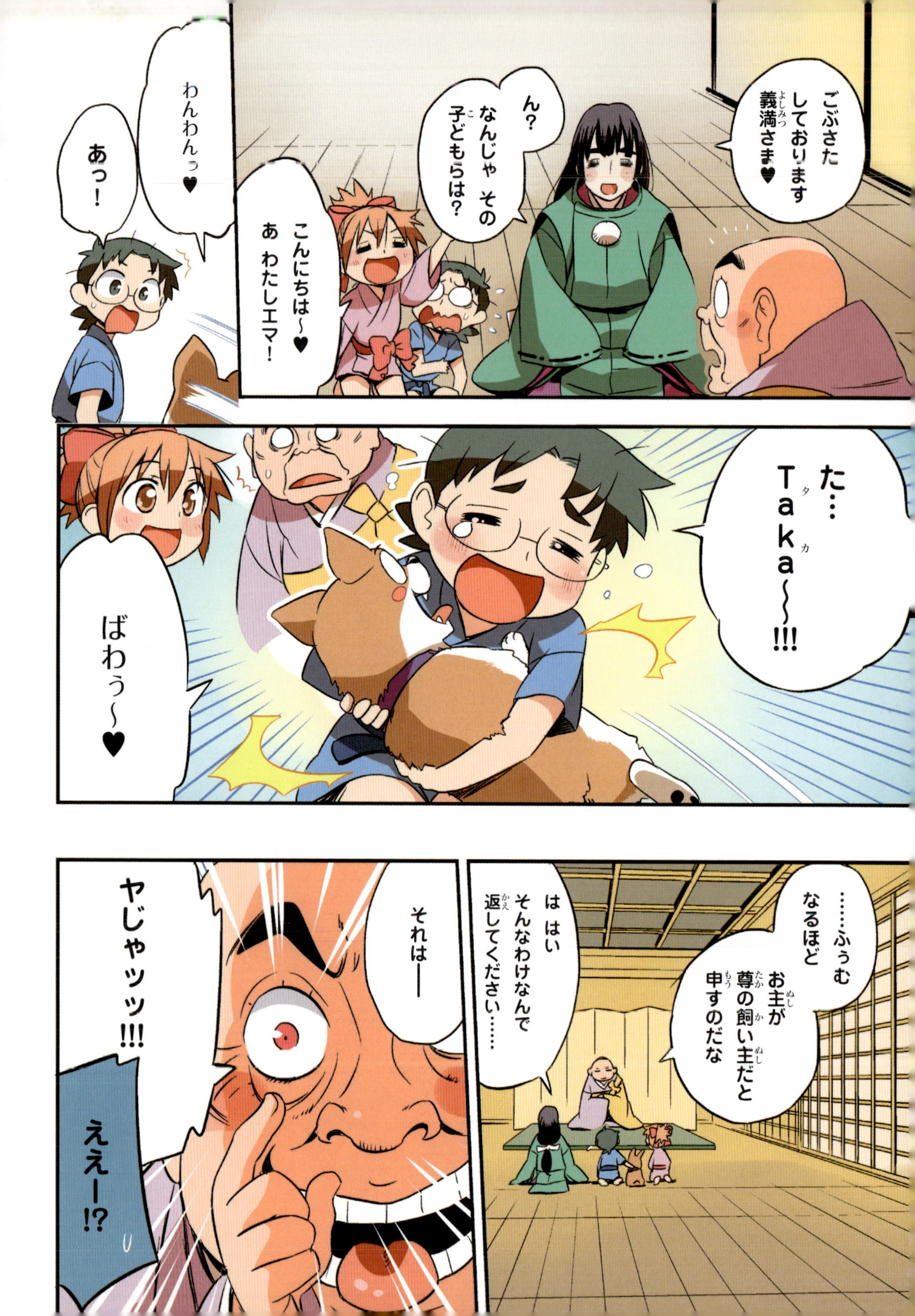
ごぶさたしております義満《よしみつ》さま♥
ん？なんじゃ その子《こ》どもらは？
こんにちは～♥あ わたしエマ！
わんわんっ♥
あっ！
た…Taka《タカ》～～!!!
ばわぅ～♥
……ふぅむ なるほど お主《ぬし》が尊《たか》の飼《か》い主《ぬし》だと申《もう》すのだな
は はい そんなわけなんで返《かえ》してください……
それは――
ヤじゃッッ!!!
ええー!?

その犬《いぬ》は余《よ》に贈《おく》られたモノじゃ だから余《よ》のモノじゃ！
ああっ
?
ほれ 余《よ》の与《あた》えた立派《りっぱ》な首輪《くびわ》もつけておろう
なんか金《きん》ピカな首輪《くびわ》になってる～!?
ああぁ……派手《はで》ピカで趣味悪《しゅみわる》いなあ……
んなっ!? なんじゃと!!
まあ 余《よ》も鬼《おに》ではない 条件《じょうけん》つきでならくれてやらんこともない
条件《じょうけん》?
この世阿弥《ぜあみ》は余《よ》がひいきにしておる猿楽《さるがく》の天才役者《てんさいやくしゃ》じゃ
こやつ以上《いじょう》の芸《げい》で余《よ》を楽《たの》しませることができれば犬《いぬ》を連《つ》れて帰《かえ》るがよかろう
え……ええ～!?
そ そんなあ……
さるがくってなに?
ものまねや踊《おど》りお面《めん》をつけて芝居《しばい》をする芸能《げいのう》だよ
義満《よしみつ》さまのご支援《しえん》を得《え》て父《ちち》の観阿弥《かんあみ》と私《わたし》が能《のう》という芸術《げいじゅつ》へと高《たか》めたんだ
?

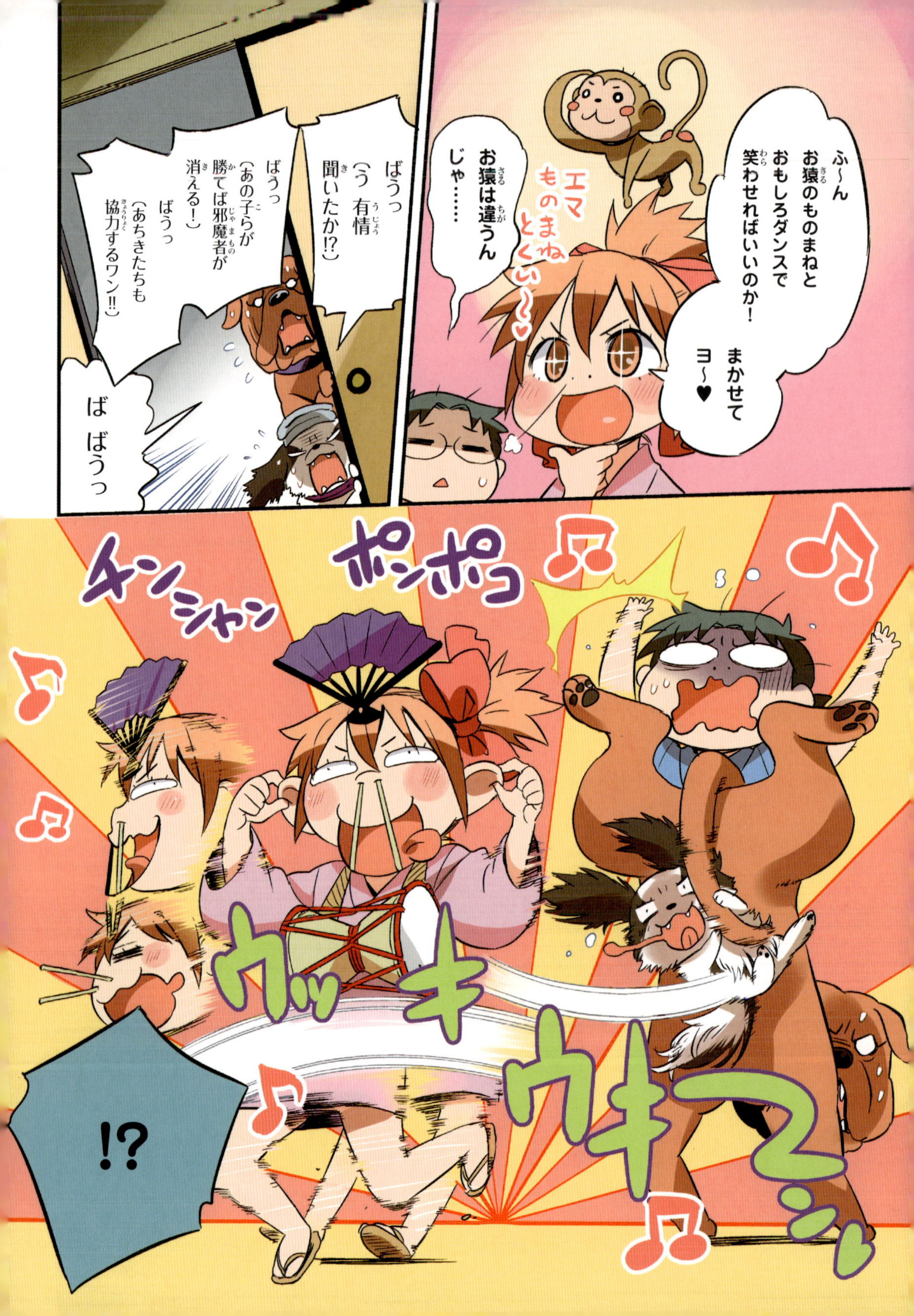
ふ～ん
お猿《さる》のものまねと
おもしろダンスで
笑《わら》わせればいいのか！
まかせて
ヨ～♥
エマ
ものまね
とくい～♪
お猿《さる》は違《ちが》うん
じゃ……
ばうっ
（う 有情《うじょう》
聞《き》いたか!?）
ばうっ
（あの子《こ》らが
勝《か》てば邪魔者《じゃまもの》が
消《き》える！）
ばうっ
（あちきたちも
協力《きょうりょく》するワン!!）
ば ばうっ
チンシャン
ポンポコ
ウッキ
ウキマ～
!?

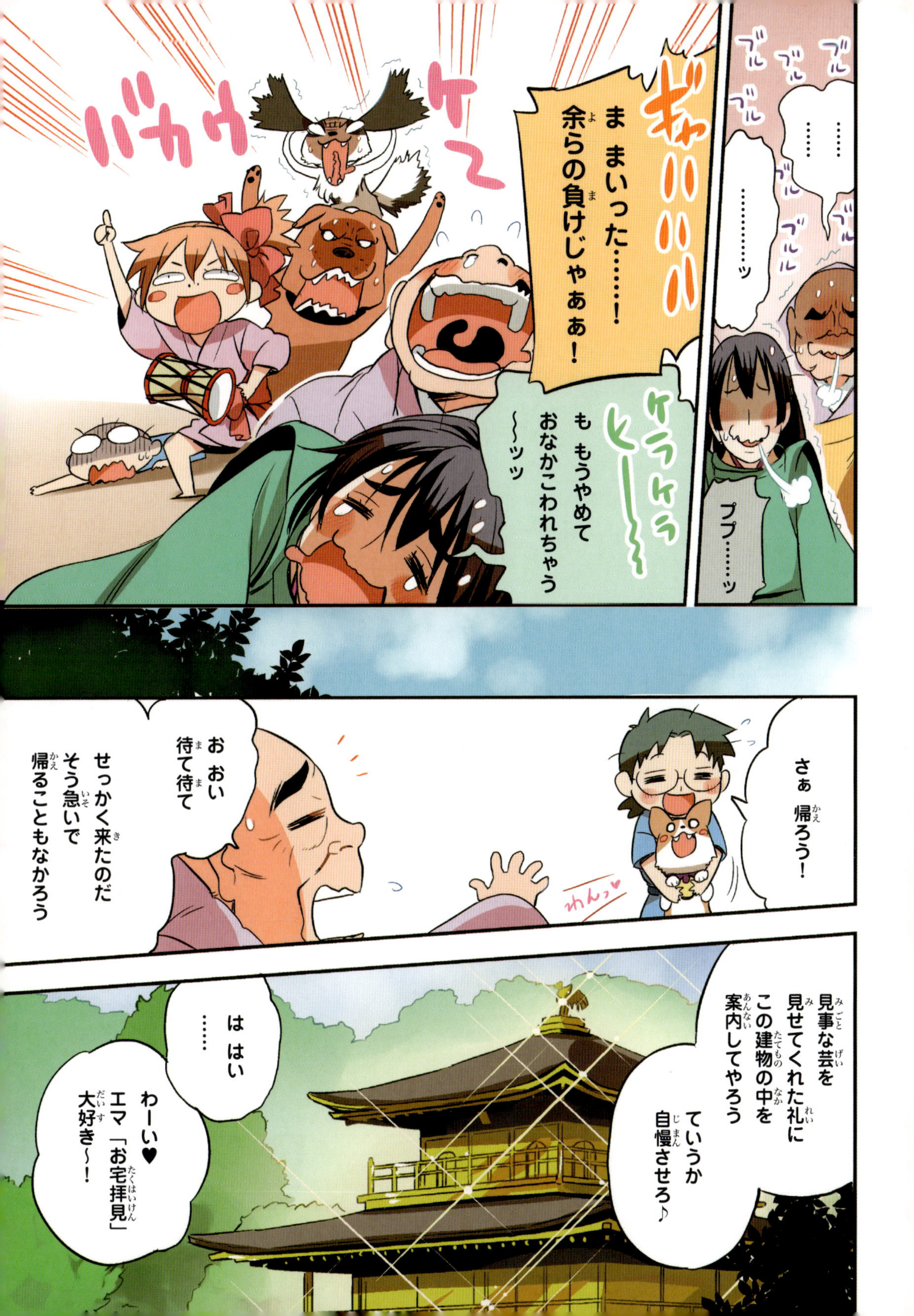
ブル ブル ブル
ブル ブル ブル
……
………ッ
ププ……ッ
ギャハハハ
ま まいった……！
余《よ》らの負《ま》けじゃぁぁ！
バカウケ～
ケラケラヒ～～
も もうやめて
おなかこわれちゃう
～ッッ
さぁ 帰《かえ》ろう！
わんっ♥
お おい
待《ま》て待《ま》て
せっかく来《き》たのだ
そう急《いそ》いで
帰《かえ》ることもなかろう
見事《みごと》な芸《げい》を
見《み》せてくれた礼《れい》に
この建物《たてもの》の中《なか》を
案内《あんない》してやろう
ていうか
自慢《じまん》させろ♪
は はい
……
わーい♥
エマ「お宅拝見《たくはいけん》」
大好《だいす》き～！

まずは1階《かい》ここは公家《くげ》の住《す》まいの様式《ようしき》じゃ
池《いけ》に張《は》り出《だ》した「釣殿《つりどの》」からは舟遊《ふなあそ》びや釣《つ》りなどもできるんじゃええじゃろ!
この階《かい》は金《きん》ピカじゃないんですね……
そのほうがかえって派手《はで》に見《み》えるじゃろ?
2階《かい》は金《きん》ピカ!武士《ぶし》の館《やかた》のつくりになっておる
ここからも庭《にわ》の池《いけ》を楽《たの》しめるし
2部屋《へや》あるうちのひとつには観音像《かんのんぞう》と四天王像《してんのうぞう》がまつってあるのじゃ
3階《かい》も金《きん》ピカ!禅寺《ぜんでら》のようなつくりじゃ!
窓《まど》がオシャレじゃろ?
わ――♥この階《かい》は中《なか》まで金《きん》ピカだぁ

このように ここは 公家《くげ》・武士《ぶし》・仏教《ぶっきょう》の文化《ぶんか》が ひとつになっておるのじゃ!
3階《かい》 仏教《ぶっきょう》
2階《かい》 武士《ぶし》
1階《かい》 公家《くげ》
これすなわち 余《よ》が公家《くげ》・武士《ぶし》・仏教《ぶっきょう》 すべての頂点《ちょうてん》に立《た》つ者《もの》であると 世《よ》に知《し》らしめるため!
この金《きん》ピカは 豊《ゆた》かな経済力《けいざいりょく》のあかしっ!
表向《おもてむ》き 将軍《しょうぐん》の職《しょく》は 息子《むすこ》・義持《よしもち》に譲《ゆず》ったが
日本《にほん》の真《しん》の支配者《しはいしゃ》は 将軍《しょうぐん》でも天皇《てんのう》でもなく 金《かね》・文化《ぶんか》・権力《けんりょく》…… 全《すべ》てを手《て》にした この……
「日本国王《にほんこくおう》」 足利義満《あしかがよしみつ》 なのじゃあああああッ!!!
どうじゃ? すごいじゃろ すごいじゃろ〜♥
は…… はい……
じ——
このあとも えんえんと 自慢話《じまんばなし》を 聞《き》かされました

豪華絢爛《ごうかけんらん》、義満《よしみつ》の時代《じだい》の文化《ぶんか》

①「北山文化《きたやまぶんか》」と金閣《きんかく》

室町幕府《むろまちばくふ》は武士《ぶし》による政権《せいけん》ですが、政治《せいじ》の場《ば》は公家《くげ》の文化《ぶんか》の中心《ちゅうしん》だった京《きょう》にありました。そのため、室町《むろまち》時代《じだい》の文化《ぶんか》は、武士《ぶし》や公家《くげ》、さらには仏教《ぶっきょう》や明《みん》（中国《ちゅうごく》）の文化《ぶんか》がミックスされたものになりました。とくに3代将軍《だいしょうぐん》の足利義満《あしかがよしみつ》の頃《ころ》に盛《さか》んだったのが、きらびやかで自由《じゆう》さが魅力《みりょく》な「北山文化《きたやまぶんか》」です。義満《よしみつ》が京《きょう》の北山《きたやま》につくった出家後《しゅっけご》の住《す》まい「北山殿《きたやまどの》」にちなんでそう呼《よ》ばれています。

エマの大好《だいす》きな金《きん》ピカだ～!!

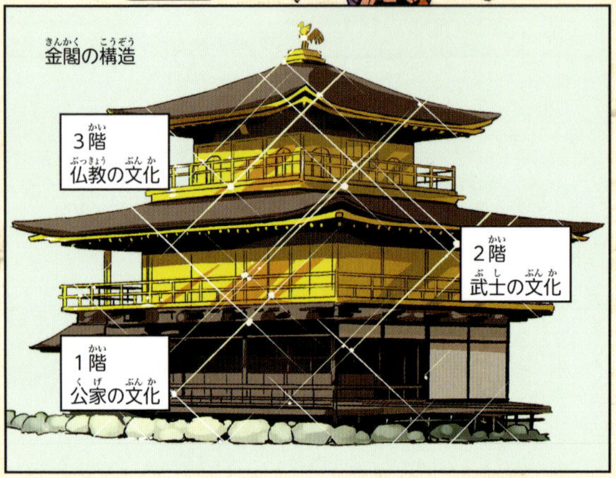
金閣《きんかく》の構造《こうぞう》
3階《かい》
仏教《ぶっきょう》の文化《ぶんか》
2階《かい》
武士《ぶし》の文化《ぶんか》
1階《かい》
公家《くげ》の文化《ぶんか》

北山文化《きたやまぶんか》を代表《だいひょう》する建物《たてもの》は、何《なん》といっても鹿苑寺《ろくおんじ》の金閣《きんかく》（通称《つうしょう》・金閣寺《きんかくじ》）です。金閣《きんかく》はもともと北山殿《きたやまどの》の中《なか》に舎利殿《しゃりでん》（お釈迦《しゃか》さまの遺骨《いこつ》を安置《あんち》する建物《たてもの》）として建《た》てられました。また、明《みん》からの使節《しせつ》を迎《むか》える迎賓館《げいひんかん》の役割《やくわり》もあったようです。

義満《よしみつ》の死後《しご》、北山殿《きたやまどの》の建物《たてもの》の多《おお》くは息子《むすこ》の4代将《だいしょう》軍《ぐん》・義持《よしもち》によって取《と》り壊《こわ》されましたが、金閣《きんかく》は残《のこ》りました。ところが1950（昭和《しょうわ》25）年《ねん》、住《す》み込《こ》みの学《がく》生僧《せいそう》の放火《ほうか》によって全焼《ぜんしょう》してしまったのです。現在《げんざい》の金閣《きんかく》は、その後《ご》再建《さいけん》されたものです。

焼失《しょうしつ》した金閣《きんかく》は1955（昭和《しょうわ》30）年《ねん》に再建《さいけん》され、1987（昭和《しょうわ》62）年《ねん》には金箔《きんぱく》が貼《は》り替《か》えられて、義満《よしみつ》の時代《じだい》の輝《かがや》きを取《と》り戻《もど》した

写真：朝日新聞社

② 義満《よしみつ》に愛《あい》された世阿弥《ぜあみ》と「能《のう》」

北山文化《きたやまぶんか》を代表《だいひょう》する芸能《げいのう》に「能《のう》（猿楽《さるがく》）」があります。当時《とうじ》の能《のう》の一座《いちざ》（劇団《げきだん》）の中《なか》でも、観阿弥《かんあみ》と世阿弥《ぜあみ》の親子《おやこ》が率《ひき》いる「観世座《かんぜざ》」は、時《とき》の権力者《けんりょくしゃ》・義満《よしみつ》に世阿弥《ぜあみ》が気《き》に入《い》られて、全面的《ぜんめんてき》なバックアップを受《う》けたことで、大《おお》きく成長《せいちょう》しました。彼《かれ》らは、庶民《しょみん》の娯楽《ごらく》だった猿楽《さるがく》を芸術性《げいじゅつせい》の高《たか》い演劇《えんげき》へと高《たか》めていき、やがて教養《きょうよう》のある貴族《きぞく》たちをもとりこにしました。

観阿弥《かんあみ》、世阿弥《ぜあみ》が築《きず》き上《あ》げた能《のう》は現代《げんだい》へ受《う》け継《つ》がれ、日本《にほん》を代表《だいひょう》する伝統芸能《でんとうげいのう》として人々《ひとびと》に愛《あい》されています。

3代将軍《だいしょうぐん》・義満《よしみつ》さまには
ひいきにされましたが
その後《あと》の将軍《しょうぐん》さまには
嫌《きら》われて 島流《しまなが》しに
あっちゃいました

世阿弥《ぜあみ》（1363～1443年《ねん》）
室町時代《むろまちじだい》の「能《のう》（猿楽《さるがく》）役者《やくしゃ》」。「能《のう》」の世界《せかい》を深《ふか》める改革《かいかく》を行《おこな》い「夢幻能《むげんのう》」を完成《かんせい》。ほかにも、能《のう》の秘伝書《ひでんしょ》『風姿花伝《ふうしかでん》』を残《のこ》した

もの知《し》りコラム

世阿弥《ぜあみ》が完成《かんせい》させた「夢幻能《むげんのう》」とは？

能《のう》は、明治時代以前《めいじじだいいぜん》は猿楽《さるがく》とも呼《よ》ばれていました。大和国《やまとのくに》（奈良県《ならけん》）の社寺《しゃじ》の祭礼《さいれい》で行《おこな》われていた神事《しんじ》（大和猿楽《やまとさるがく》）が、やがて庶民《しょみん》の楽《たの》しみとして発展《はってん》し、観阿弥《かんあみ》と世阿弥《ぜあみ》が、芸術的《げいじゅつてき》な演劇《えんげき》として完成《かんせい》させました。

◆◆◆

世阿弥《ぜあみ》はたぐいまれな美《うつく》しさを誇《ほこ》る人気役者《にんきやくしゃ》だったそうですが、芸《げい》をおろそかにせず、「夢幻能《むげんのう》」と呼《よ》ばれる能《のう》の形式《けいしき》を完成《かんせい》させました。夢幻能《むげんのう》は、旅《たび》の僧《そう》などがとある土《と》地《ち》を訪《おとず》れると、その土地《とち》にゆかりのある幽霊《ゆうれい》が現《あらわ》れて昔《むかし》を回想《かいそう》するという、時空《じくう》を超《こ》えた物語《ものがたり》です。

能面《のうめん》「般若《はんにゃ》」
能《のう》は面《おもて》をつけて演《えん》じられる仮面劇《かめんげき》。「般若《はんにゃ》」は、うらみなどがつのって蛇《へび》に変身《へんしん》した女性《じょせい》を演《えん》じるときにつける面《おもて》
三井記念美術館蔵

実《じつ》はわし後小松天皇《ごこまつてんのう》の子《こ》だったという説《せつ》もあるんじゃ！

6章《しょう》 あ、あの周建《しゅうけん》くんが…？

みんな元気《げんき》でお金持《かねも》ち！遊《あそ》ぶの大好《だいす》き！金《きん》ピカ大好《だいす》き！
室町時代《むろまちじだい》って面白《おもしろ》いね♥
鎌倉時代《かまくらじだい》は戦《たたか》ってばかりだったもんね……
でもやっぱり自分《じぶん》の時代《じだい》がいいよ……
Taka《タカ》は取《と》り戻《もど》せたけどバスがなきゃ帰《かえ》れないよどうしよう……
わんわわん！
!?
あっ!? こら！Taka《タカ》！どこ行《い》くの？
だっ
わんわん！
も～勝手《かって》に動《うご》きまわるなよ～
ああっ!?

そういえば……
次《つぎ》ハ キンカク～ キンカク～
さっきの金《きん》ピカ金閣《きんかく》って建物《たてもの》だったんだ！
〇×観光
い 犬《いぬ》バスだあ!!
グッジョブだTaka《タカ》！
これで帰《かえ》れる～♥
えー もう帰《かえ》るの～？ もっと遊《あそ》んでいこーよ
嫌《いや》だよ！ なんでそんなに肝《きも》がすわってるのさ!?

よかった 入《はい》ったままだ 電源《でんげん》は
どう操作《そうさ》するんだろ…… ハニィは どこ行《い》っちゃったんだ?
ハァ～イ♪ ここよ～ん ボーイズ&《アンド》ガールズ
こ☆こ♥
ど どこ……?
はさまっちゃった～♥ プリィーズ ヘルプ☆
ズッポーーーン♥
ぐぐぐー
ガッ
サンキュー&《アンド》おかえり～～ん♥
無事再会《ぶじさいかい》できて ハニィ 超《ちょう》うれし～☆
緊急脱出《きんきゅうだっしゅつ》ボタン 押《お》すんだもん 超《ちょう》ビックリよ～
CHU!

元《もと》の時代《じだい》に戻《もど》りたいのね
オッケ～イ♥
じゃあ 乗《の》る時《とき》身《み》につけていたモノを何《なに》か出《だ》してン♣
へ？ モノ……？
ワンちゃんが においをたどって人《ひと》や場所《ばしょ》を探《さが》し当《あ》てたりするじゃない？
クン クン
23××年《ねん》のニオイだワン～♥
23××年《ねん》へゴーだワン～♫
それと お・ん・な・じ！ このバスが元《もと》いた時代《じだい》に戻《もど》るには その時代《じだい》のモノが必要《ひつよう》なの♥
ど どうしよう 服《ふく》はばさら組《ぐみ》にあげちゃったし 首輪《くびわ》も義満《よしみつ》さまにつけかえられて もうないよ…！
あ゛ー
ケンジのメガネは？
！
それだっ！ ナイス エマ♥
う～ん…… それひとつじゃ 厳《きび》しいかも せめて2 3個《こ》は欲《ほ》しいわぁ
そ そんなぁ これしかないんだよ なんとかして……！
しょうがないわね…… 一応《いちおう》やってみるけど 失敗《しっぱい》しても 怒《おこ》っちゃやーよん♠

はーい
犬《いぬ》バスちゃん♥
コレのにおいをかいで
元《もと》の時代《じだい》へ飛《と》んで
プリィ〜ズ☆
くん
くん
クゥ〜ン
……
え？
コレだけじゃ
自信《じしん》がない？
そこをなんとか
が・ん・ば♥
ちゅっ♥
わおんっ♥
わおーん……っ
おっけー♥
じゃ レッツ☆ラ☆
タイムワープ!!!
ビュ―ン!
いっえーーい☆

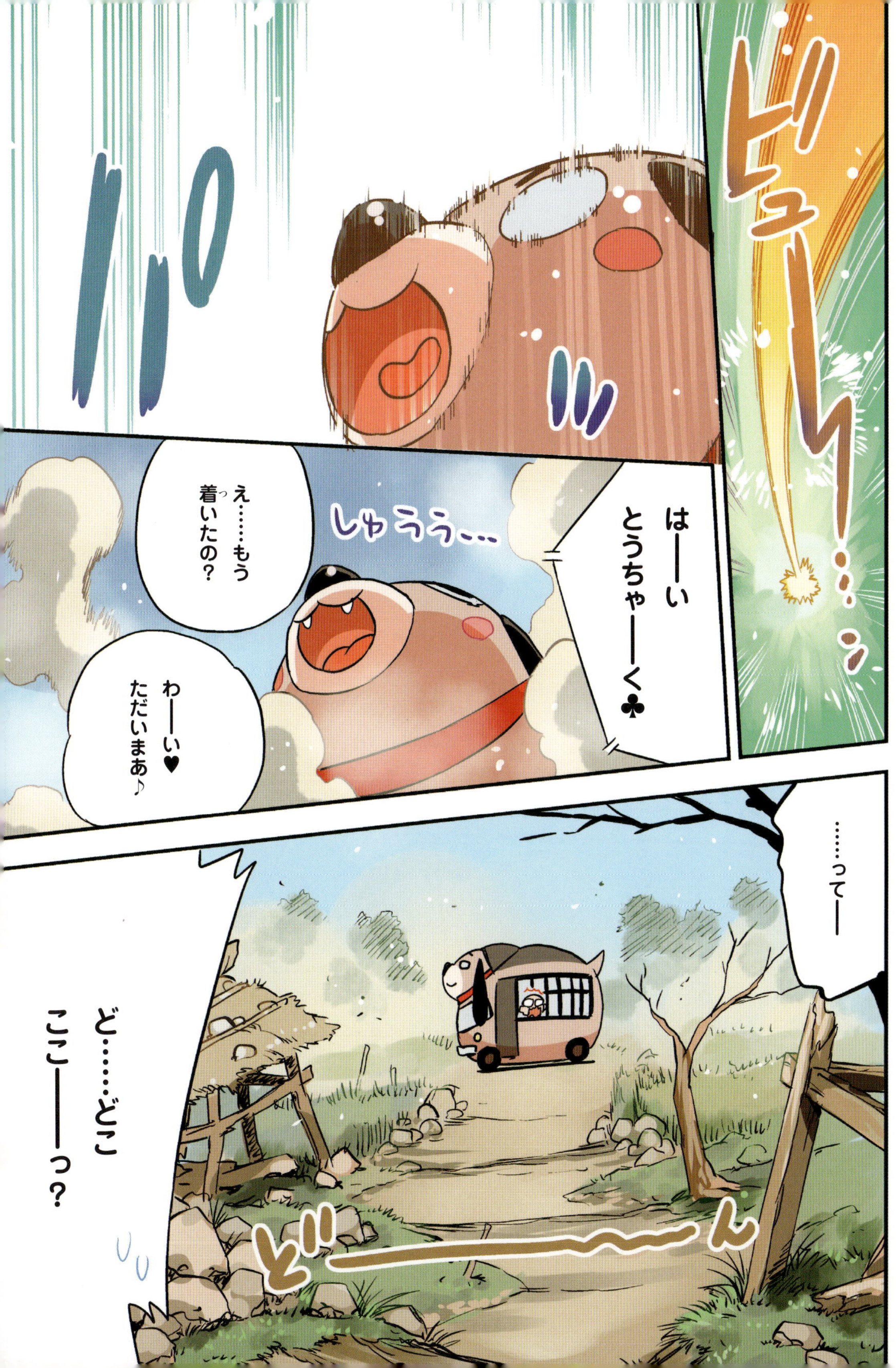

ビュ～～ん…
パ
ッ
はーーい　とうちゃーーく♣
しゅううー…
え……もう　着《つ》いたの？
わーーい♥　ただいまあ♪
……ってー
ど……どここーーっ？
どーーーん

ごっめーん☆ やっぱり メガネだけじゃ 無理《むり》だった みたい～♥
OH～ ソ～リ～♥
ここは 1477年《ねん》の 京《きょう》……の近《ちか》くぅ? みたいな～◆
さっきのおよそ 70年後《ねんご》ね♥
ええ――!?
ちょっとしか 未来《みらい》に飛《と》べて ないじゃんー!!
もうダメだ ああ……っ
……あっ ちょっと 待《ま》って♠
ワンコ センサーに 反応《はんのう》が☆
ピピピ
ここからそう 遠《とお》くない場所《ばしょ》に 元《もと》の時代《じだい》のモノの反応《はんのう》が 2つあるわん♥
ええっ!?
ひとつめは 京《きょう》にある みたいよ～☆
京《きょう》ならきっと 金閣《きんかく》に残《のこ》した 首輪《くびわ》だ!
よし! 行《い》こう エマTaka《タカ》!

もう とっくに 行《い》ってるわよん?
置《お》いてかないで～～ッ!?
ヒュウウウウ……
……な なんか 様子《ようす》がおかしく ない……?
田《た》んぼも畑《はたけ》も 荒《あ》れ放題《ほうだい》だし 川《かわ》の水《みず》も枯《か》れてる……
あ! お家《うち》があるよ!
ごめん ください～……

ここ……
食《た》べ物《もの》の倉庫《そうこ》――
かな……？
でも 何《なに》も
ないね～
……な
なんか ひどく
荒《あ》らされてる
ような……
ジャリ
動《うご》くなッ！
び
ひいいっ!?
くうっ

……ちっ
ガキじゃねーか
……
げっそり～…
ぐううう～～…
金目《かねめ》のモノは
持《も》ってなさそう
だな……
むっ!?
い
犬《いぬ》だ!!
丸々太《まるまるふと》って
うまそうな
犬《いぬ》だぜ!
ビーワッ
!?
おい ガキ
そいつを
よこしな!
肉《にく》が食《く》えるのは
何《なん》カ月《げつ》ぶりだ
――♥
た……
たたたた
食《た》べる!?
Taka《タカ》を!?
ク～ン
ク～ン
ダッ
ダメ!
Taka《タカ》は
食《た》べ物《もの》じゃ
ないもん……!!
うるせえ!!
よこしやがれ
――ッ!!
ひぃ――ッ

むわてえええいッ
!?
だ
だれだッ!?
とうっ!
バ
ツ
ガッ
あっ
おわあああーーッ
ゴ
ゴ
ロ
ゴ
ロ
ゴ
ロ
ド

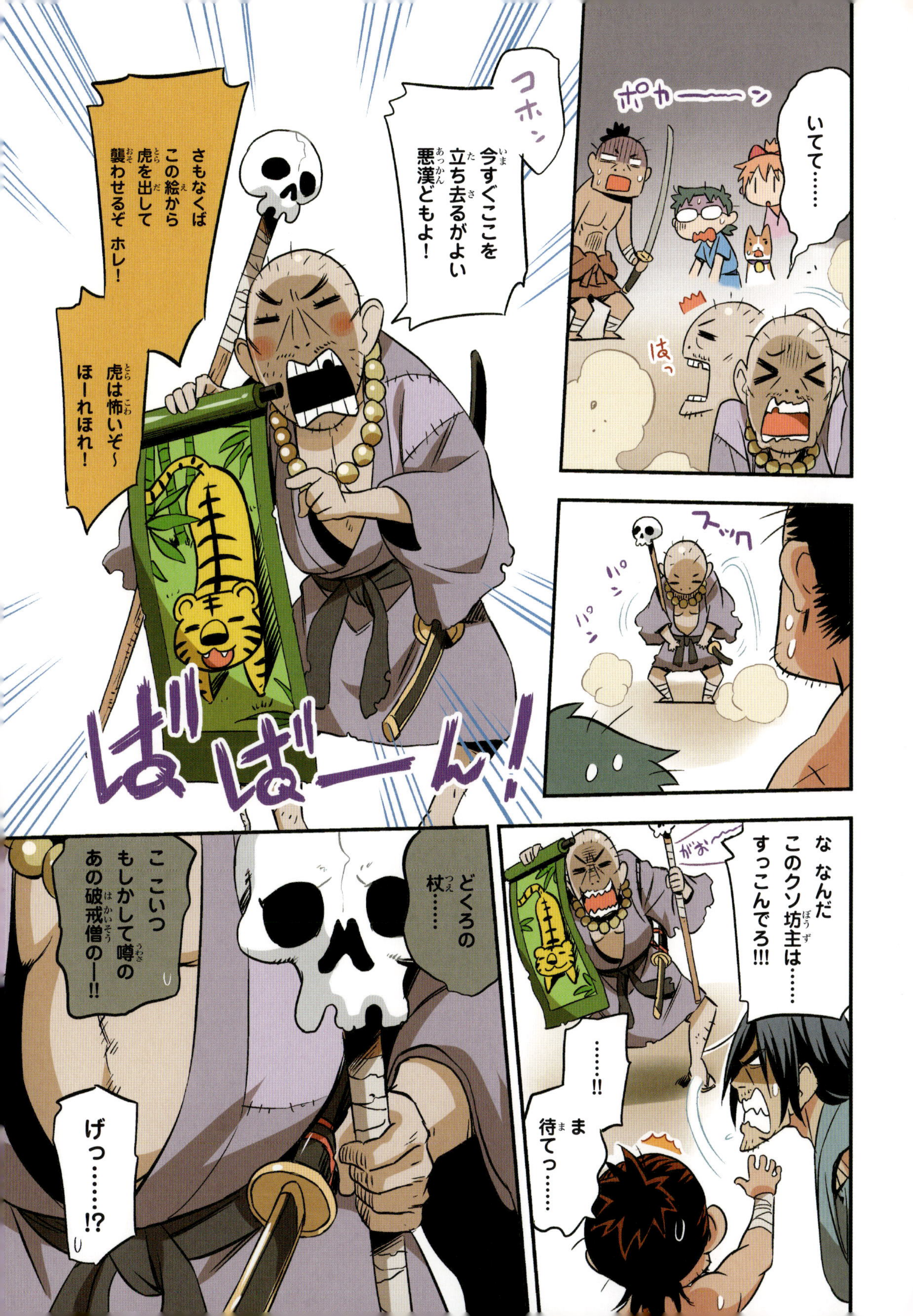
ポカーーーン
いてて……
はっ
コホン
今《いま》すぐここを立《た》ち去《さ》るがよい悪漢《あっかん》どもよ!
さもなくばこの絵《え》から虎《とら》を出《だ》して襲《おそ》わせるぞ ホレ!
虎《とら》は怖《こわ》いぞ~ ほーれほれ!
ばばーーん!
ズック
パン
パン
なななんだこのクソ坊主《ぼうず》は……すっこんでろ!!!
がお~
……!!
まま待《ま》てっ……
どくろの杖《つえ》……
ここいつもしかして噂《うわさ》のあの破戒僧《はかいそう》のー!!
げっ……!?

ち
ちきしょーっ
覚《おぼ》えてやがれ〜〜!
ぴゅ〜〜〜っ
コイツだけにはかかわるなぁ〜!
めんどくさいから嫌《いや》じゃ♥
くるっ
びく
ニカァーー〜〜♥
びびくっ
あぶないところじゃったのケンジ エマ
しかし ふたりとも70年前《ねんまえ》とちっとも変《か》わっとらんのう一発《いっぱつ》でわかったわい
は はい ありがとうございます……
!?
……って なんでボクらのことを……!?

ぬふふ お主《ぬし》から教《おそ》わった とんち 今《いま》も たいへん役《やく》に立《た》って おるぞい
……へ？
はっ
……あっ!?
も……もしかして 周建《しゅうけん》くーん!?
ご名答《めいとう》!
いかにも 昔《むかし》 お主《ぬし》らを 金閣《きんかく》に案内《あんない》した 小坊主《こぼうず》じゃ!
ガビーン
あのあと 違《ちが》う名前《なまえ》を 名乗《なの》っておってな
聞《き》いて 驚《おどろ》け？
今《いま》の名《な》は 一休《いっきゅう》ッ!
超《ちょう》★破戒僧《はかいそう》の 一休《いっきゅう》じゃ♫
ドボーーム!
ええ〜〜!?

京《きょう》を焼《や》きつくした応仁《おうにん》の乱《らん》

① 原因《げんいん》はたくさんの内輪《うちわ》もめ

応仁《おうにん》の乱《らん》は、京《きょう》を中心《ちゅうしん》に、1467（応仁《おうにん》1）年《ねん》から1477（文明《ぶんめい》9）年《ねん》の11年《ねん》も続《つづ》きました。その元号《げんごう》から、「応仁《おうにん》・文明《ぶんめい》の乱《らん》」とも呼《よ》ばれます。

原因《げんいん》の1つは、8代将軍《だいしょうぐん》・足利義政《あしかがよしまさ》の弟《おとうと》である義視《よしみ》と、義政《よしまさ》の息子《むすこ》である義尚《よしひさ》による、9代将軍《だいしょうぐん》の座《ざ》をめぐる争《あらそ》いでしたが、それだけではありませんでした。

当時《とうじ》、室町幕府《むろまちばくふ》の有力《ゆうりょく》な守護大名《しゅごだいみょう》である畠山氏《はたけやまし》と斯波氏《しばし》も、それぞれ一族《いちぞく》のリーダーの座《ざ》をめぐって内輪《うちわ》もめをしていました。そして、それぞれが、幕府《ばくふ》の実権《じっけん》をめぐって争《あらそ》っていたふたりの実力者《じつりょくしゃ》、細川勝元《ほそかわかつもと》と山名宗全《やまなそうぜん》（持豊《もちとよ》）を頼《たよ》ったのです。

やがて戦《いくさ》が始《はじ》まると、多《おお》くの守護大名《しゅごだいみょう》が、細川勝元《ほそかわかつもと》率《ひき》いる東軍《とうぐん》か山名宗全《やまなそうぜん》率《ひき》いる西軍《せいぐん》に分《わ》かれて戦《たたか》いました。

内輪《うちわ》もめで戦《いくさ》が
起《お》きるなんて
周《まわ》りの人《ひと》は
大迷惑《だいめいわく》だよ～

昨日《きのう》の敵《てき》は今日《きょう》の友《とも》？
複雑怪奇《ふくざつかいき》な応仁《おうにん》の乱《らん》

応仁《おうにん》の乱《らん》が起《お》きた当初《とうしょ》、義視《よしみ》は兄《あに》・義政《よしまさ》とともに東軍側《とうぐんがわ》につき、義尚《よしひさ》とその母《はは》・日野富子《ひのとみこ》は西軍側《せいぐんがわ》でした。ところが、乱《らん》が起《お》きた翌年《よくねん》に義視《よしみ》は義政《よしまさ》と仲《なか》たがいして西軍側《せいぐんがわ》についてしまいます。すると、義尚《よしひさ》と富子《とみこ》は東軍側《とうぐんがわ》に。

応仁《おうにん》の乱《らん》はこのように敵味方《てきみかた》が入《い》れ替《か》わり、しまいにはだれが何《なん》のために戦《たたか》っているのかわからなくなるほど、複雑怪奇《ふくざつかいき》でした。

足利将軍家《あしかがしょうぐんけ》と東軍《とうぐん》・西軍《せいぐん》

乱《らん》が始《はじ》まった時《とき》

西軍《せいぐん》		東軍《とうぐん》
山名宗全《やまなそうぜん》 足利義尚《あしかがよしひさ》 日野富子《ひのとみこ》	対《たい》	細川勝元《ほそかわかつもと》 足利義政《あしかがよしまさ》 足利義視《あしかがよしみ》

1468（応仁《おうにん》2）年《ねん》11月《がつ》～

西軍《せいぐん》		東軍《とうぐん》
山名宗全《やまなそうぜん》 足利義視《あしかがよしみ》	対《たい》	細川勝元《ほそかわかつもと》 足利義政《あしかがよしまさ》 足利義尚《あしかがよしひさ》 日野富子《ひのとみこ》

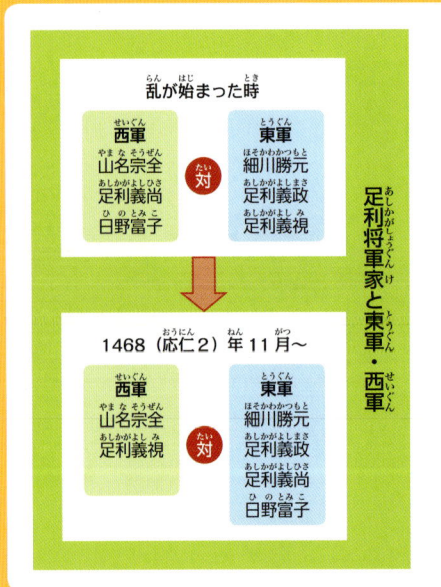

もの知《し》りコラム

新戦力《しんせんりょく》「足軽《あしがる》」登場《とうじょう》！

応仁《おうにん》の乱《らん》の頃《ころ》、「足軽《あしがる》」という新《あたら》しいタイプの兵士《へいし》が登場《とうじょう》しました。彼《かれ》らは身軽《みがる》な装備《そうび》の歩兵《ほへい》で、集団《しゅうだん》による奇襲《きしゅう》や待《ま》ち伏《ぶ》せといったゲリラ戦術《せんじゅつ》を得意《とくい》として、それまでの合戦《かっせん》のやり方《かた》を一変《いっぺん》させました。

◆ ◆ ◆

足軽《あしがる》のほとんどは、京《きょう》の周辺《しゅうへん》で雇《やと》われた農民《のうみん》や、身分《みぶん》の低《ひく》い武士《ぶし》です。足軽《あしがる》は戦国時代《せんごくじだい》になると、戦《いくさ》の主力《しゅりょく》として活躍《かつやく》するようになりました。

破壊活動《はかいかつどう》を行《おこな》う足軽《あしがる》たち。右下《みぎした》の武将《ぶしょう》と比《くら》べると動《うご》きやすい身軽《みがる》な装備《そうび》をしている
足軽《あしがる》による破壊活動《はかいかつどう》を止《と》めにきた武将《ぶしょう》

建物《たてもの》を壊《こわ》す足軽《あしがる》

敵《てき》と戦《たたか》うだけでなく、建物《たてもの》を破壊《はかい》したり、物《もの》を奪《うば》ったりするなど、町《まち》の人々《ひとびと》を困《こま》らせることもした

「真如堂縁起」から　真正極楽寺蔵

② 応仁《おうにん》の乱《らん》の結末《けつまつ》

応仁《おうにん》の乱《らん》は、東軍《とうぐん》16万人《まんにん》、西軍《せいぐん》11万人《まんにん》が戦《たたか》う大規模《だいきぼ》な戦争《せんそう》だったといいます。

始《はじ》まって6年後《ねんご》の1473（文明《ぶんめい》5）年《ねん》に、リーダーである西軍《せいぐん》の山名宗全《やまなそうぜん》と東軍《とうぐん》の細川勝元《ほそかわかつもと》が相次《あいつ》いで亡《な》くなってしまいますが、それでも戦《たたか》いが終《お》わることはありませんでした。しかも戦《たたか》いは京《きょう》だけでなく地方《ちほう》にも広《ひろ》がっていきました。

結局《けっきょく》、戦《たたか》いは勝敗《しょうはい》が決《き》まることなく11年《ねん》も続《つづ》き、京《きょう》の町《まち》の大半《たいはん》が燃《も》えてしまいました。また、京《きょう》での戦《たたか》いが終《お》わった後《あと》も、地方《ちほう》での戦《たたか》いは収《おさ》まることがありませんでした。

すでに幕府《ばくふ》の権威《けんい》は落《お》ち目《め》だったけど応仁《おうにん》の乱《らん》のせいでこれ以上《いじょう》ないほど落《お》ちちゃったのよん♡

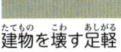

7章《しょう》 なぜ京《きょう》が焼《や》け野原《のはら》に？

ゴキュ
ゴキュ
ぶっはーっっ
うめえええッ♫
酒《さけ》は最高《さいこう》じゃのう〜♥
おまえたちも飲《の》め飲《の》め♪
未成年《みせいねん》にお酒《さけ》をすすめないでください……
うっ お酒《さけ》くさい……
お主《ぬし》らにはもう一度《いちど》会《あ》える予感《よかん》がしておったが
子《こ》どものままとは驚《おどろ》いたぞい
ガハハ
げふ〜〜♥
あの上品《じょうひん》でかわいらしかった周建《しゅうけん》くんが…… この変《か》わりようのほうがびっくりだよ
ボリボリボリリ…
しかし 応仁《おうにん》の乱《らん》でも命《いのち》を落《お》とさず無事《ぶじ》だったとは大《たい》したもんじゃい
?
鬼《おに》のRun《ラン》?
鬼《おに》が走《はし》るの?
RUN!
ええ……?
応仁《おうにん》の乱《らん》を知《し》らないのかいったいどこで暮《く》らしとったんじゃ……

ぱっかーーーん!
応仁《おうにん》の乱《らん》というのは 京《きょう》が東《ひがし》と西《にし》に分《わ》かれて 11年《ねん》も争《あらそ》った 大騒乱《だいそうらん》じゃ
京《きょう》が2つに 分《わ》かれたの……?
いやいや 分《わ》かれたのは 京《きょう》の権力《けんりょく》…… つまり室町幕府《むろまちばくふ》が 2つの陣営《じんえい》に分《わ》かれて 戦《いくさ》を繰《く》り広《ひろ》げたんじゃ
よっしゃ では この一休《いっきゅう》が 傀儡《くぐつ》で わかりやすく 教《おし》えてやろう
ひょい
くぐつ? 人形劇《にんぎょうげき》…… かな?

乱《らん》の始《はじ》まりは 8代将軍《だいしょうぐん》・足利義政《あしかがよしまさ》と 妻《つま》の日野富子《ひのとみこ》じゃ
ぼく ヨシマサ♥
わらわは トミコ！
この義政《よしまさ》が とんだダメ将軍《しょうぐん》での～
あー
将軍職《しょうぐんしょく》とか しんどいし めんどくさいし 余《よ》には向《む》いて ないや～
とっととやめて 遊《あそ》んで 暮《く》らしたいなぁ……
そうだ！ 弟《おとうと》に押《お》しつけて しまおう♥
幸《さいわ》い余《よ》には 跡継《あとつ》ぎも いないし♪
ピコーーン！
さっさと隠居《いんきょ》して 趣味《しゅみ》ざんまいの 第二《だいに》の人生《じんせい》を楽《たの》しむぞ～
＊出家《しゅっけ》＝僧《そう》になること
というわけで あとはよろしく 義視《よしみ》
ガビーーン
足利義視《あしかがよしみ》
ええー!?
しょ しょうが ないなぁ
ボク出家《しゅっけ》＊ してるのに なァ…
はーやれやれ…
ところが——

＊還俗《げんぞく》＝僧《そう》から一般《いっぱん》の人《ひと》に戻《もど》ること

な……なんちゅー
無責任《むせきにん》な……
あ―――たッツ!!!
……
……
兄上《あにうえ》のわがままにこれ以上《いじょう》ふりまわされるのはごめんだッ!
富子《とみこ》どのには悪《わる》いが今《いま》さら将軍《しょうぐん》の座《ざ》は譲《ゆず》れぬ……!
義視《よしみ》どのには管領《かんれい》＊家《け》の細川氏《ほそかわし》がついておる……
こちらもだれか強力《きょうりょく》な味方《みかた》を見《み》つけなくては……ッ
そしてわが子《こ》をなんとしても将軍《しょうぐん》に……ッ!!

＊管領《かんれい》＝室町幕府《むろまちばくふ》の将軍《しょうぐん》の補佐役《ほさやく》

話《はなし》は聞《き》きましたぞ 義視《よしみ》さま! 我《わ》が細川家《ほそかわけ》がお助《たす》けしますぞ
戦《いくさ》で富子《とみこ》どのを黙《だま》らせてやりましょう……!
管領家《かんれいけ》
細川勝元《ほそかわかつもと》
おのれ細川《ほそかわ》め…… 義視《よしみ》さまを将軍《しょうぐん》にし幕府《ばくふ》のナンバー2《ツー》になるつもりだな!
そうはいくか!
幕府《ばくふ》の実力者《じつりょくしゃ》
山名宗全《やまなそうぜん》(持豊《もちとよ》)
富子《とみこ》さまの息子《むすこ》・義尚《よしひさ》さまを勝《か》たせれば我《わ》が山名家《やまなけ》が幕府《ばくふ》ナンバー2《ツー》じゃあぁ!
VS
わしらは細川《ほそかわ》さまの東軍《とうぐん》につくぞ!!
その他《た》守護大名《しゅごだいみょう》のみなさんなど
じゃあこっちは山名《やまな》さまの西軍《せいぐん》に!!

こうして将軍《しょうぐん》の後継者争《こうけいしゃあらそ》いにさまざまな有力者《ゆうりょくしゃ》が乗《の》っかったりまざりあったり……
東軍《とうぐん》
西軍《せいぐん》
京《きょう》は東軍《とうぐん》・西軍《せいぐん》の2つに分裂《ぶんれつ》して11年《ねん》にもおよぶ大争乱《だいそうらん》が始《はじ》まったのよ
おかげで　京《きょう》の大半《たいはん》が焼《や》き尽《つ》くされてしまったわい
庶民《しょみん》の家《いえ》から貴族《きぞく》の屋敷《やしき》神社仏閣《じんじゃぶっかく》から貴重《きちょう》な書物《しょもつ》までしっちゃかめっちゃかよ……

うわぁ ひどいなぁ……
で どっちが勝《か》ったの？
それがお笑《わら》いでな〜
あまりに長《なが》く続《つづ》いたうえに勢力争《せいりょくあらそ》いがどんどん複雑《ふくざつ》になっていき――
やがて だれが敵《てき》か味方《みかた》かなんのために戦《たたか》っているのかわからなくなり……
ゼーー
あれ？ おまえら敵《てき》だっけ？ 味方《みかた》だっけ……？
ゼヘ〜〜
こっちが聞《き》きてえよ……
わしら何《なん》で戦《たたか》ってたんじゃっけ……？
さぁ……？ 長《なが》すぎて忘《わす》れちったい♥
しまいにゃみんな嫌《いや》になってバラバラに
はー
やれやれ…
アホらし 帰《かえ》ろ帰《かえ》ろ
アホー
アホー
あー 疲《つか》れた 故郷《こきょう》が恋《こい》しい
まいったネ こりゃ…
なんとな〜く義尚《よしひさ》さまが将軍《しょうぐん》ちゅうことになりグダグダのまま応仁《おうにん》の乱《らん》は終《お》わったのさ

この騒乱《そうらん》で 国《くに》はボロボロ
さらに日照《ひで》りや 水害《すいがい》 風害《ふうがい》などで 大《だい》ききんやはやり病《やまい》が起《お》こり 人《ひと》がバタバタと死《し》んだ
富《と》める者《もの》と 貧《まず》しい者《もの》との 差《さ》は広《ひろ》がる ばかり——
力《ちから》を失《うしな》った幕府《ばくふ》は みなが苦《くる》しんでおるのに 何《なに》もせず 義政《よしまさ》は相変《あいか》わらず 遊《あそ》んでばかり……
民衆《みんしゅう》を救《すく》うべき僧侶《そうりょ》も 金《かね》や地位《ちい》ほしさに 権力《けんりょく》とベッタリ 腐《くさ》ってしまうとる
まったく どいつも こいつも
アホばかりよッ!!!
ブン!
ぎゃあっ!? あ あぶない……っ!!
これは竹光《たけみつ》じゃ 刃《は》を竹《たけ》で こさえた ニセモノよ
へ?

わしゃ この竹光《たけみつ》のように 格好《かっこう》だけで中身《なかみ》のない 世《よ》の僧侶《そうりょ》や権力者《けんりょくしゃ》を 笑《わら》ってやっとるんじゃい
サヤにおさまっとれば りっぱに見《み》えるが
中《なか》身《み》はオモチャよ
そして がっかりもしたんじゃ だから外見《がいけん》も権威《けんい》も捨《す》て 民衆《みんしゅう》と一緒《いっしょ》に いることにしたんじゃい
それで そんなふうに なっちゃったのか……
そんなふうて なんじゃ!
でも 京《きょう》が そんなんじゃ 困《こま》ったなぁ 将軍《しょうぐん》さまが いるところに Taka《タカ》の首輪《くびわ》が あると思《おも》うんだけど……
なんじゃ 将軍《しょうぐん》のところへ 行《い》くのか?
一緒《いっしょ》に行《い》って やりたいが わしゃ京《きょう》が 大《だい》ッキライでな……
よっしゃ! いざという時《とき》に役立《やくだ》つ とんちの奥義《おうぎ》を 授《さず》けよう
わーい! 奥義《おうぎ》～♥
気《き》をつけて 行《い》けよ～
いかなる時《とき》も 頭《あたま》を使《つか》うのを 忘《わす》れるでないぞ～
うん! 頭突《ずつ》きで やっつけて やるよ～♥
いや そういう意味《いみ》じゃ ないから……

と……遠《とお》いよ
京《きょう》……
もう
歩《ある》けない～
ケンジは
体力《たいりょく》ないなぁ
～……
わんわんっ！
どうした
Taka《タカ》～？
わん
わんっ♥
……
あっ!?
牛《うし》の車《くるま》だ！

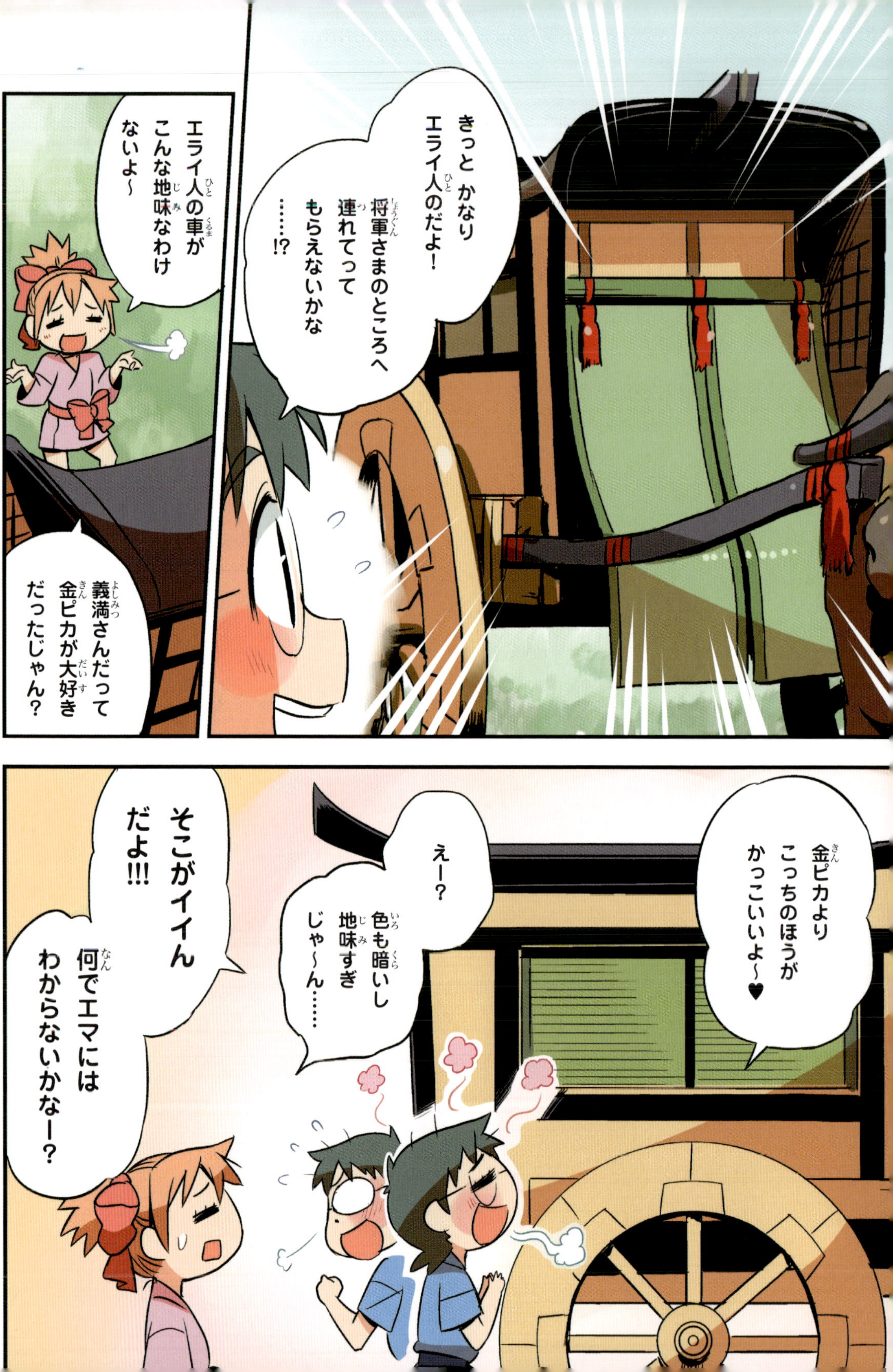
きっと かなりエライ人《ひと》のだよ！
将軍《しょうぐん》さまのところへ連《つ》れてってもらえないかな……!?
エライ人《ひと》の車《くるま》がこんな地味《じみ》なわけないよ～
義満《よしみつ》さんだって金《きん》ピカが大好《だいす》きだったじゃん？
金《きん》ピカよりこっちのほうがかっこいいよ～♥
えー？色《いろ》も暗《くら》いし地味《じみ》すぎじゃ～ん……
そこがイイんだよ!!!
何《なん》でエマにはわからないかなー？

へえ このよさが わかるのか……!?
びくっ
しかもその年《とし》で どうやら「わびさび」が 理解《りかい》できているとは 感心《かんしん》感心《かんしん》……
え～っと…… だれですか?
ふふ…… 余《よ》?
余《よ》は義政《よしまさ》――
もうやめたが 8代将軍《だいしょうぐん》だった 足利義政《あしかがよしまさ》だよ
え……?
ええ――っ!?
前《まえ》の将軍《しょうぐん》・足利義政《あしかがよしまさ》

風流将軍《ふうりゅうしょうぐん》・足利義政《あしかがよしまさ》のわびさび文化《ぶんか》

① 政治家《せいじか》としてはダメ

足利幕府《あしかがばくふ》8代将軍《だいしょうぐん》・足利義政《あしかがよしまさ》は14歳《さい》で将軍《しょうぐん》になりました。最初《さいしょ》は前向《まえむ》きに政治《せいじ》に取《と》り組《く》んでいましたが、有力《ゆうりょく》な守護大名《しゅごだいみょう》や、妻《つま》・富子《とみこ》の実家《じっか》である日野家《ひのけ》がやかましく口《くち》を出《だ》すので、だんだんと政治《せいじ》への情熱《じょうねつ》を失《うしな》っていきました。

応仁《おうにん》の乱《らん》を引《ひ》き起《お》こし、長引《ながび》かせた原因《げんいん》の1つも義政《よしまさ》にありました。義政《よしまさ》は、弟《おとうと》・義視《よしみ》と息子《むすこ》・義尚《よしひさ》による将軍《しょうぐん》の跡継《あとつ》ぎ争《あらそ》いが起《お》きた時《とき》、何《なに》も決《き》めませんでした。そして、趣味《しゅみ》の世界《せかい》に没頭《ぼっとう》し、ついには将軍《しょうぐん》の住《す》まいである室町殿《むろまちどの》からも出《で》ていってしまいました。

足利義政《あしかがよしまさ》（1436～1490年《ねん》）
風流将軍《ふうりゅうしょうぐん》と呼《よ》ばれた「東山文化《ひがしやまぶんか》」の立役者《たてやくしゃ》

東京大学史料編纂所所蔵模写

② 「東山文化《ひがしやまぶんか》」を開花《かいか》させた文化人《ぶんかじん》

政治家《せいじか》としての評価《ひょうか》は低《ひく》い義政《よしまさ》ですが、文化人《ぶんかじん》としては優《すぐ》れていました。彼《かれ》の時代《じだい》、「東山文化《ひがしやまぶんか》」と呼《よ》ばれる文化《ぶんか》が花開《はなひら》きました。東山文化《ひがしやまぶんか》は、質素《しっそ》を重《おも》んじる禅《ぜん》に影響《えいきょう》を受《う》けています。そして「わびさび」と表現《ひょうげん》される、飾《かざ》り気《け》がな

障子《しょうじ》
掛《か》け軸《じく》
違《ちが》い棚《だな》
床《とこ》の間《ま》
日本間《にほんま》のもと・書院造《しょいんづくり》
たたみ

東山文化《ひがしやまぶんか》の「わびさび」の美意識《びいしき》は、生《い》け花《ばな》や茶《ちゃ》の湯《ゆ》、水墨画《すいぼくが》、書院造《しょいんづくり》などを通《とお》して、現代《げんだい》につながっている

写真：PIXTA

くシンプルな雰囲気《ふんいき》や美意識《びいしき》を大切《たいせつ》にしています。慈照寺《じしょうじ》の銀閣《ぎんかく》（通称《つうしょう》・銀閣寺《ぎんかくじ》）は、もとは義政《よしまさ》が自分《じぶん》のために京《きょう》の東山《ひがしやま》につくった住《す》まい「東山殿《ひがしやまどの》」に建《た》てられた「観音殿《かんのんでん》」で、東山文化《ひがしやまぶんか》が詰《つ》まった建物《たてもの》です。また、東山文化《ひがしやまぶんか》には、庭園《ていえん》や書院造《しょいんづくり》、生《い》け花《ばな》、水墨画《すいぼくが》のように、現在《げんざい》の「和《わ》」のイメージのもととなったものがたくさんあります。

馬蝗絆《ばこうはん》
義政《よしまさ》が愛《あい》した南宋《なんそう》（中国《ちゅうごく》）の器《うつわ》。
鉄《てつ》のかすがいでヒビを修理《しゅうり》した
Image:TNM Image Archives
東京国立博物館蔵

質素《しっそ》な銀閣《ぎんかく》も
雪舟《せっしゅう》の水墨画《すいぼくが》も
ボクのセンスに
ばっちりだ！

日本独自《にほんどくじ》の水墨画《すいぼくが》を完成《かんせい》させた画家《がか》・雪舟《せっしゅう》

「東山文化《ひがしやまぶんか》」を代表《だいひょう》する水墨《すいぼく》画家《がか》が雪舟《せっしゅう》です。水墨画《すいぼくが》は、墨《すみ》の濃淡《のうたん》を生《い》かして筆《ふで》で描《えが》く絵《え》のことで、8世紀頃《せいきごろ》、唐《とう》の時代《だい》の中国《ちゅうごく》で生《う》まれました。雪舟《せっしゅう》は絵《え》の先生《せんせい》を求《もと》めて、水墨画《すいぼくが》の本場《ほんば》である明《みん》（中国《ちゅうごく》）で勉強《べんきょう》をし、帰国後《きこくご》は守護大名《しゅごだいみょう》の大内氏《おおうちし》の支援《しえん》のもと、日本《にほん》の風景《ふうけい》をたくさん描《えが》きました。「天橋立図《あまのはしだてず》」「四季山水図《しきさんすいず》」をはじめ、現在《げんざい》、雪舟《せっしゅう》の作品《さくひん》は6件《けん》が国宝《こくほう》に指定《してい》されていて、これは個人《こじん》としては最多《さいた》です。

雪舟《せっしゅう》（1420～1506？年《ねん》）
子《こ》どもの頃《ころ》に出家《しゅっけ》。水墨画《すいぼくが》を学《まな》びに40代《だい》で明《みん》（中国《ちゅうごく》）に渡《わた》る。帰国後《きこくご》は、旅《たび》を続《つづ》けながら絵《え》を描《えが》き続《つづ》けた
東京大学史料編纂所所蔵模写

京都国立博物館蔵

「天橋立図《あまのはしだてず》」
雪舟《せっしゅう》の代表作《だいひょうさく》の1つ。墨《すみ》の濃淡《のうたん》（ぼかし）だけで、京《きょう》の天橋立《あまのはしだて》（日本三景《にほんさんけい》の1つ）を描《えが》いている

8章《しょう》 首輪《くびわ》を捜《さが》しに銀閣《ぎんかく》へ

ほら 京《きょう》に入《はい》ったよ
わ〜 お家《うち》をいっぱい建《た》ててる〜
応仁《おうにん》の乱《らん》で壊《こわ》されたのを再建中《さいけんちゅう》なんだよ
まだだいぶかかりそうだね……
ゴト
ゴト
さぁ どうなんだろうねぇ?
そういう面倒《めんどう》なことは奥《おく》さんと息子《むすこ》にまかせっきりだからよくわからないなぁ♪
こんなんでTaka《タカ》の首輪《くびわ》残《のこ》ってるのかなぁ……
ねー ケンジ?

グラ
うっぷ……車《くるま》に酔《よ》った……
ガタ
うえぇぇぇれれれれ～～～
ゴト
ガタ
……牛車《ぎっしゃ》ってこんなに揺《ゆ》れるんだ……
ガタ
ガタ
ギシ
京《きょう》の義政《よしまさ》の屋敷《やしき》
あ――――たッ
たまに戻《もど》ってきたと思《おも》えばそんな小汚《こぎたな》い牛車《ぎっしゃ》でなんて!!
義政《よしまさ》の妻《つま》・日野富子《ひのとみこ》
※現在《げんざい》、夫婦《ふうふ》は別々《べつべつ》に住《す》んでいます。
小汚《こぎたな》いはないだろう余《よ》のわびさび号《ごう》は最高《さいこう》に上品《じょうひん》じゃないか～
ヘラ ヘラ
ほかのもっと華《はな》やかな色《いろ》の牛車《ぎっしゃ》にしなさい! みっともない
紹介《しょうかい》するよ♥
コレが妻《つま》の富子《とみこ》
キィ――ッ
コレとはなんですかコレとはッ!!

……って何《なん》ですのその子《こ》らは？
東山《ひがしやま》の余《よ》の住《す》まいからこちらに残《のこ》してあった荷物《にもつ》を取《と》りにくる途中《とちゅう》で会《あ》ってね
趣味《しゅみ》が合《あ》うから招待《しょうたい》したのさ♥
は　はじめまして　ぼくケ…
こんにちは　わたし　エマ～♥
わんっ♥
東山《ひがしやま》？
ピクッ
ぎくっ
あーた　まさか　またあそこに　余計《よけい》なモノを建《た》てるつもり……？
ゴゴゴゴゴ
さ……ささ！　奥《おく》へ行《い》こう　ふたりともッ！
そそくさ
？
やれやれ……
富子《とみこ》は　うるさくて　いけないよ

今《いま》住《す》んでいる東山《ひがしやま》という場所《ばしょ》に余《よ》の理想《りそう》の山荘《さんそう》を建《た》てたいのだが
富子《とみこ》が金《かね》がない　金《かね》がないとうるさくてねえ
今《いま》ある建物《たてもの》だけでじゅうぶんでしょ!!
キィ〜〜〜ッ
美《び》への理解《りかい》がない人《ひと》は嫌《いや》だねぇ〜
山荘《さんそう》!?いいな〜♥
金閣《きんかく》みたいな金《きん》ピカで派手《はで》なヤツでしょ?
金閣《きんかく》だって?とんでもない!
権力《けんりょく》!!
見《み》えっ張《ぱ》りなおじいさまの金閣《きんかく》は自分《じぶん》の権力《けんりょく》を見《み》せびらかすために派手派手《はではで》だったけれど
こちらのは余《よ》が静《しず》かに暮《く》らすための上品《じょうひん》で落《お》ち着《つ》いた建物《たてもの》になる予定《よてい》さ♥
かくれが♥
よしいいものを見《み》せてあげよう♪
ゴソゴソ
?

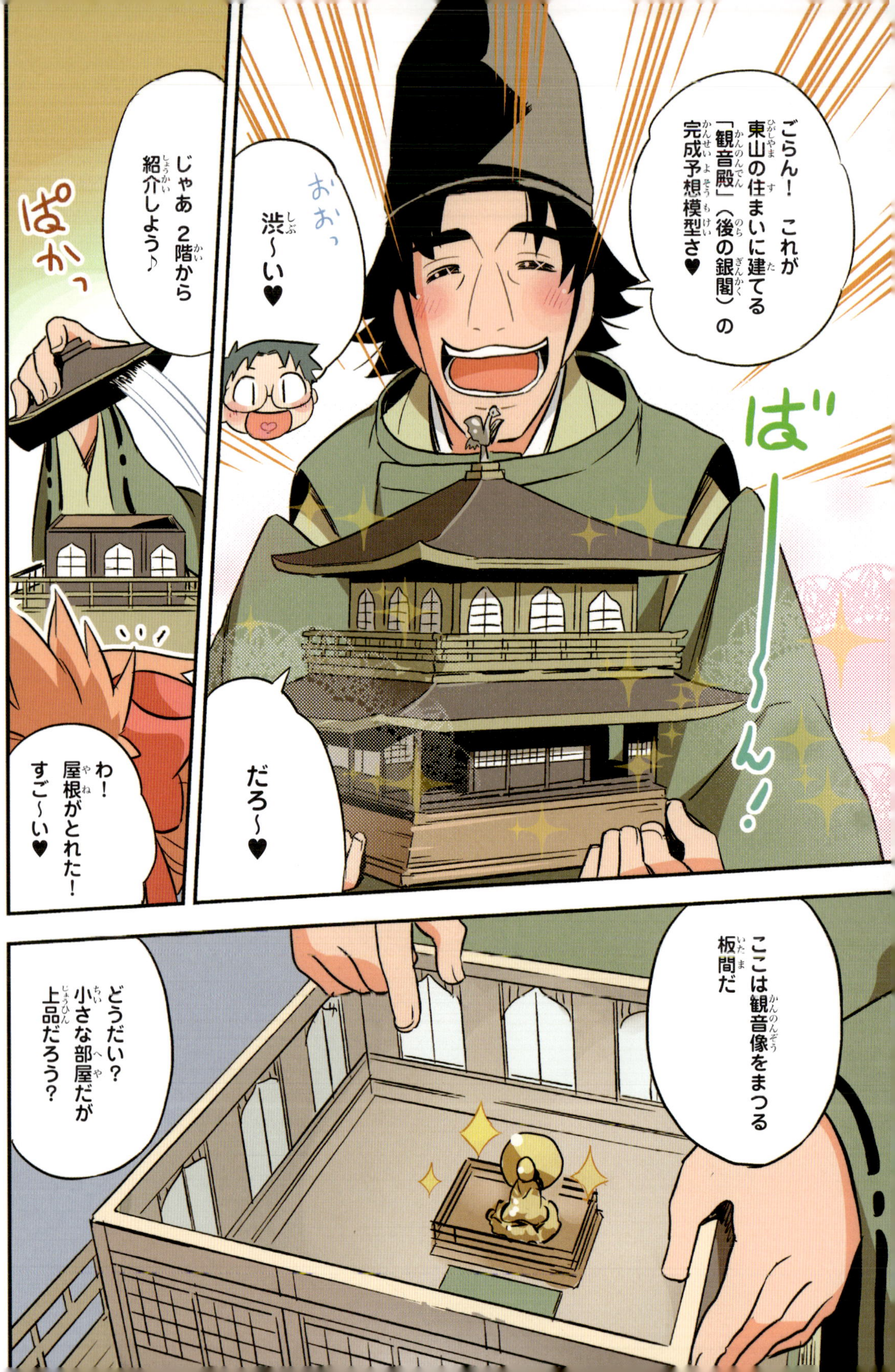
ごらん！ これが東山《ひがしやま》の住《す》まいに建《た》てる「観音殿《かんのんでん》」（後《のち》の銀閣《ぎんかく》）の完成予想模型《かんせいよそうもけい》さ♥
ばーーん！
おおっ 渋《しぶ》～い♥
だろ～♥
じゃあ 2階《かい》から紹介《しょうかい》しよう♪
ぱかっ
わ！ 屋根《やね》がとれた！ すご～い♥
ここは観音像《かんのんぞう》をまつる板間《いたま》だ
どうだい？ 小《ちい》さな部屋《へや》だが上品《じょうひん》だろう？

1階《かい》はもっと すごいぞ♥ 「書院造《しょいんづくり》」だ！
この部屋《へや》は たたみじきにし 板張《いたば》りの仏間《ぶつま》と 広《ひろ》い縁側《えんがわ》もある
ねーねー しょいんって なぁに？
しょい～～ん！
書院《しょいん》とは 本《ほん》を読《よ》み書《か》きする 部屋《へや》のことだ
これは同《おな》じく 東山《ひがしやま》の住《す》まいに建《た》てる予定《よてい》の 仏堂《ぶつどう》の予想図《よそうず》だ
ここの書院造《しょいんづくり》の 塩梅《あんばい》は絶妙《ぜつみょう》だろう♪
なんか おじいちゃんちの 和室《わしつ》みたい……
和室《わしつ》の基本《きほん》って この時代《じだい》に 生《う》まれたのか……

ここに余《よ》が好《この》む器《うつわ》や花《はな》水墨画《すいぼくが》などを飾《かざ》ったら きっと素晴《すば》らしいぞ！
はぁ はぁ はぁ はぁ はぁ♥ はぁ はぁ♥
ハッ♥
水墨画《すいぼくが》は雪舟《せっしゅう》の作品《さくひん》で決《き》まりだな！
そなたたちは雪舟《せっしゅう》を知《し》っているか？
水墨画《すいぼくが》の本場《ほんば》明《みん》に渡《わた》って勉強《べんきょう》し日本独自《にほんどくじ》の水墨画《すいぼくが》を完成《かんせい》させた天才《てんさい》だよ！
……なんか建物《たてもの》も絵《え》も超地味《ちょうじみ》でつまんない……
義満《よしみつ》さんの時代《じだい》と正反対《せいはんたい》でネクラな感《かん》じ～
ガガーン
根暗《ねくら》……!?
やれやれ……これだから美意識《びいしき》のない者《もの》は困《こま》るよ……
はーー
このわびさびの素晴《すば》らしさがなぜわからぬ……
ボクわかりますッ♥
わびさびってなにさ～
わさび
エマワサビ嫌《きら》いだし～
バッ
よくぞ聞《き》いてくれたッ♥
ワサビじゃないが！

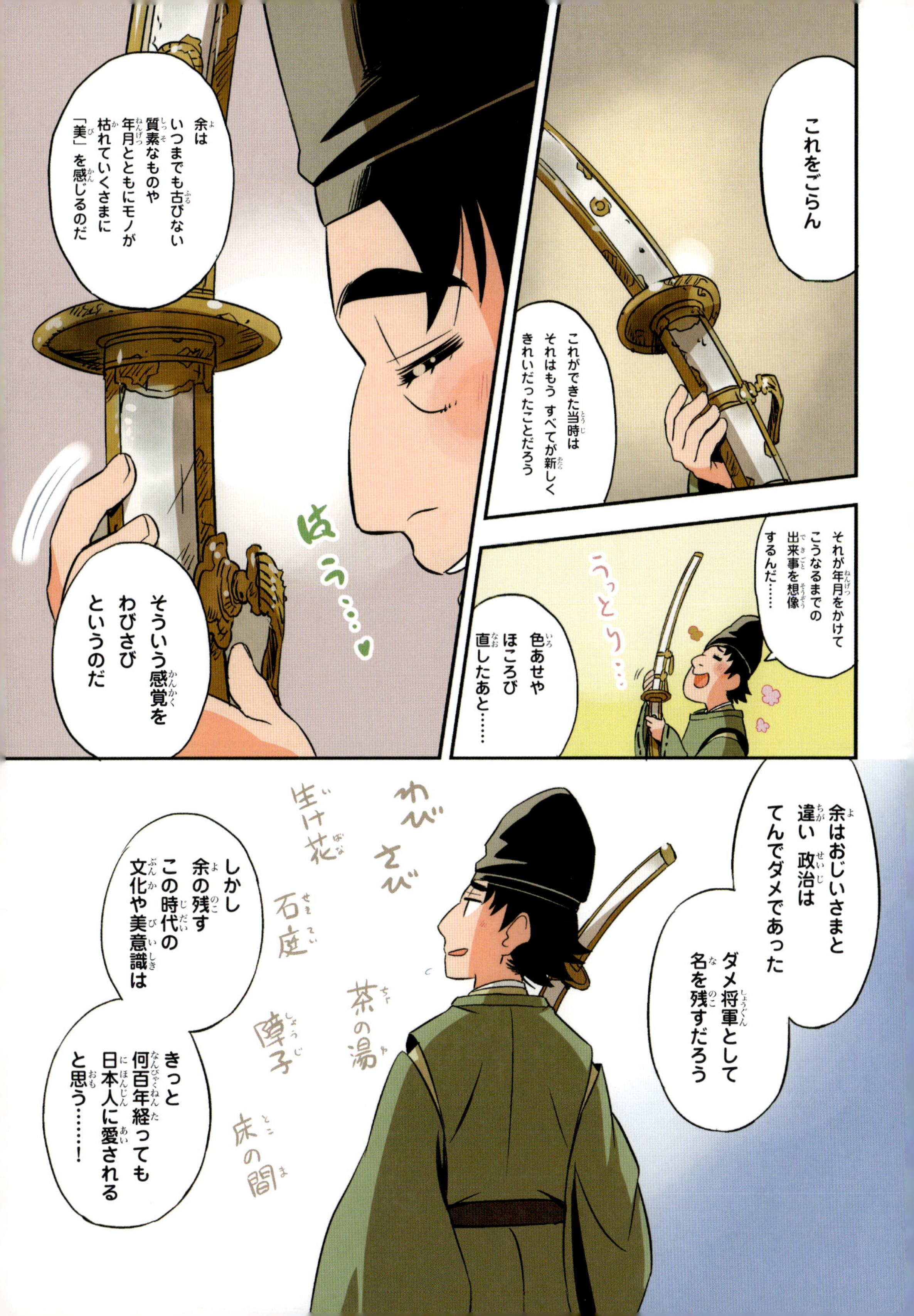
これをごらん
これができた当時《とうじ》はそれはもう すべてが新《あたら》しくきれいだったことだろう
それが年月《ねんげつ》をかけてこうなるまでの出来事《できごと》を想像《そうぞう》するんだ……
うっとり……
色《いろ》あせやほころび直《なお》したあと……
余《よ》はいつまでも古《ふる》びない質素《しっそ》なものや年月《ねんげつ》とともにモノが枯《か》れていくさまに「美《び》」を感《かん》じるのだ
はう……♥
そういう感覚《かんかく》をわびさびというのだ
余《よ》はおじいさまと違《ちが》い 政治《せいじ》はてんでダメであった
ダメ将軍《しょうぐん》として名《な》を残《のこ》すだろう
わびさび
生《い》け花《ばな》
石庭《せきてい》
茶《ちゃ》の湯《ゆ》
障子《しょうじ》
床《とこ》の間《ま》
しかし余《よ》の残《のこ》すこの時代《じだい》の文化《ぶんか》や美意識《びいしき》は
きっと何百年《なんびゃくねん》経《た》っても日本人《にほんじん》に愛《あい》されると思《おも》う……!

——というわけで
余《よ》の自慢《じまん》の品《しな》を
もっと見《み》て
おくれ～♥
とっておきを
見《み》せて
しんぜよう
ホっ ホっ♥
すごく
な～い!?
好《この》みは逆《ぎゃく》でも
自慢《じまん》したがりなとこは
義満《よしみつ》さんにそっくり
だなぁ……
この茶碗《ちゃわん》は
300年以上昔《ねんいじょうむかし》に
中国《ちゅうごく》の皇帝《こうてい》から贈《おく》られた
由緒正《ゆいしょただ》しい名器《めいき》
である！
この控《ひか》えめで
気品《きひん》に満《み》ちた
たたずまいはどうだ♥
ただの地味《じみ》な色《いろ》の
茶碗《ちゃわん》じゃん……
はーっ
あーもうッッ
その地味《じみ》さが
味《あじ》わい深《ぶか》いの
じゃーーーッ！
……エマ
わびさび
わかんない
……
……
あっ!?
ケンジ！
あれ!!
Taka
へ？

あったああ～!!
Ta☆ka
ぱーん
……なるほど 元々《もともと》は そなたたちのモノで 返《かえ》してほしい ……というわけか
Ta☆ka
ホケキョ♫
しかしコレは わが将軍家代々《しょうぐんけだいだい》の 家宝《かほう》だし この枯れた感《かん》じは たいへん 気《き》に入《い》ってるのだ……
そっ そこを なんとか……!!
う～む では 生《い》け花《ばな》・水墨画《すいぼくが》・茶《ちゃ》の湯《ゆ》の腕前《うでまえ》を 見《み》せてもらおうか!
余《よ》を思《おも》い切《き》り うならせるほどの 文化人《ぶんかじん》なら 返《かえ》してやらない こともない!
花!
絵!
茶!
え…… ええ～!?
ど どうしよう 生《い》け花《ばな》なんて やったことないよ～
わたくしに まかせなさい!
バン!
ぎょっ
と 富子《とみこ》 ……!?

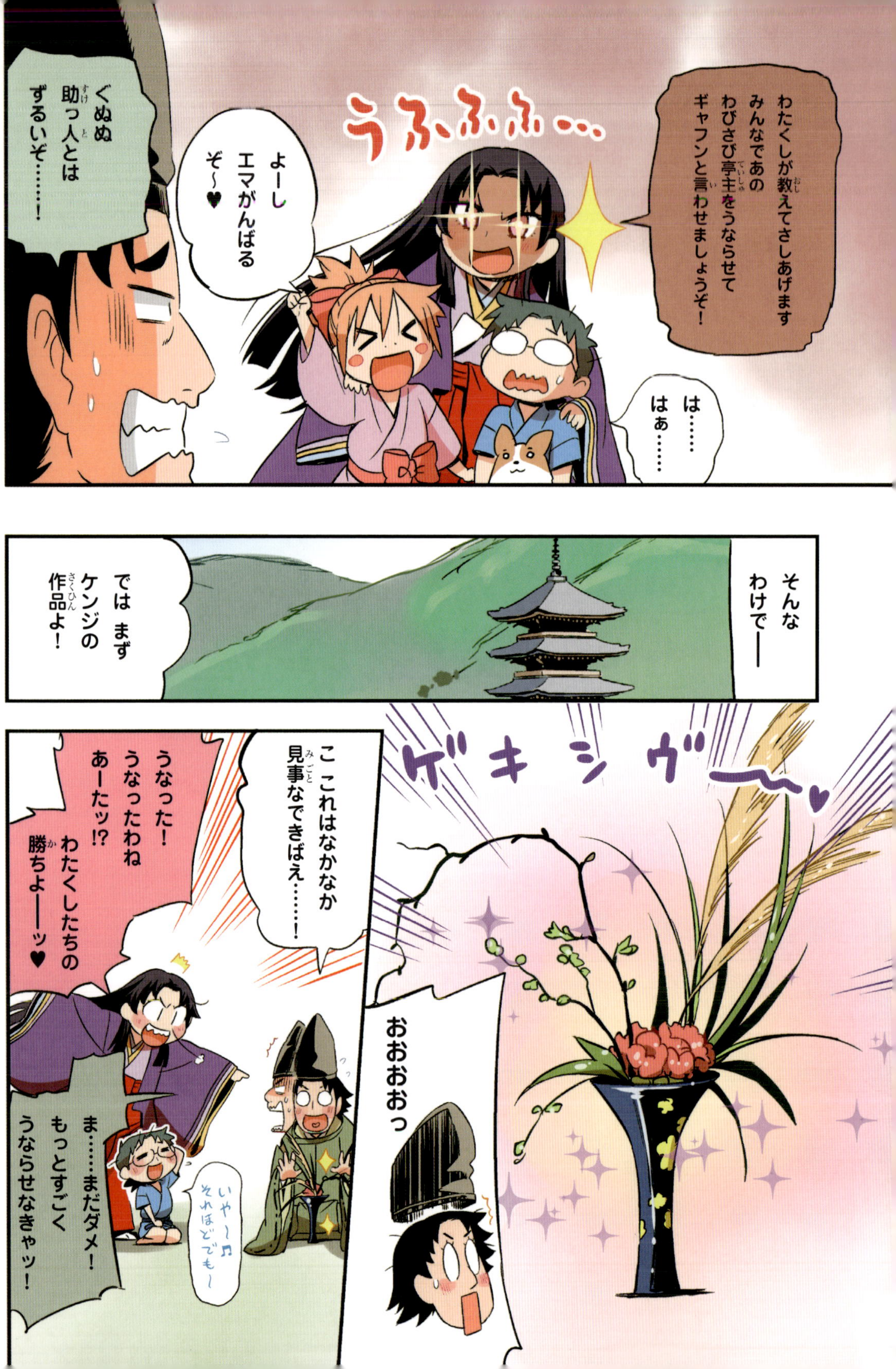

わたくしが教《おし》えてさしあげます みんなであの わびさび亭主《ていしゅ》をうならせて ギャフンと言《い》わせましょうぞ！
うふふふ…
は…… はぁ……
よーし エマがんばるぞ～♥
ぐぬぬ 助《すけ》っ人《と》とは ずるいぞ……！
そんなわけで――
では まず ケンジの作品《さくひん》よ！
ゲキシヴ～～♥
おおおおっ
こ これはなかなか見事《みごと》なできばえ……！
うなった！ うなったわね あーたッ!? わたくしたちの勝《か》ちよーーッ♥
いや～ それほどでも～♪
ま……まだダメ！ もっとすごく うならせなきゃッ！

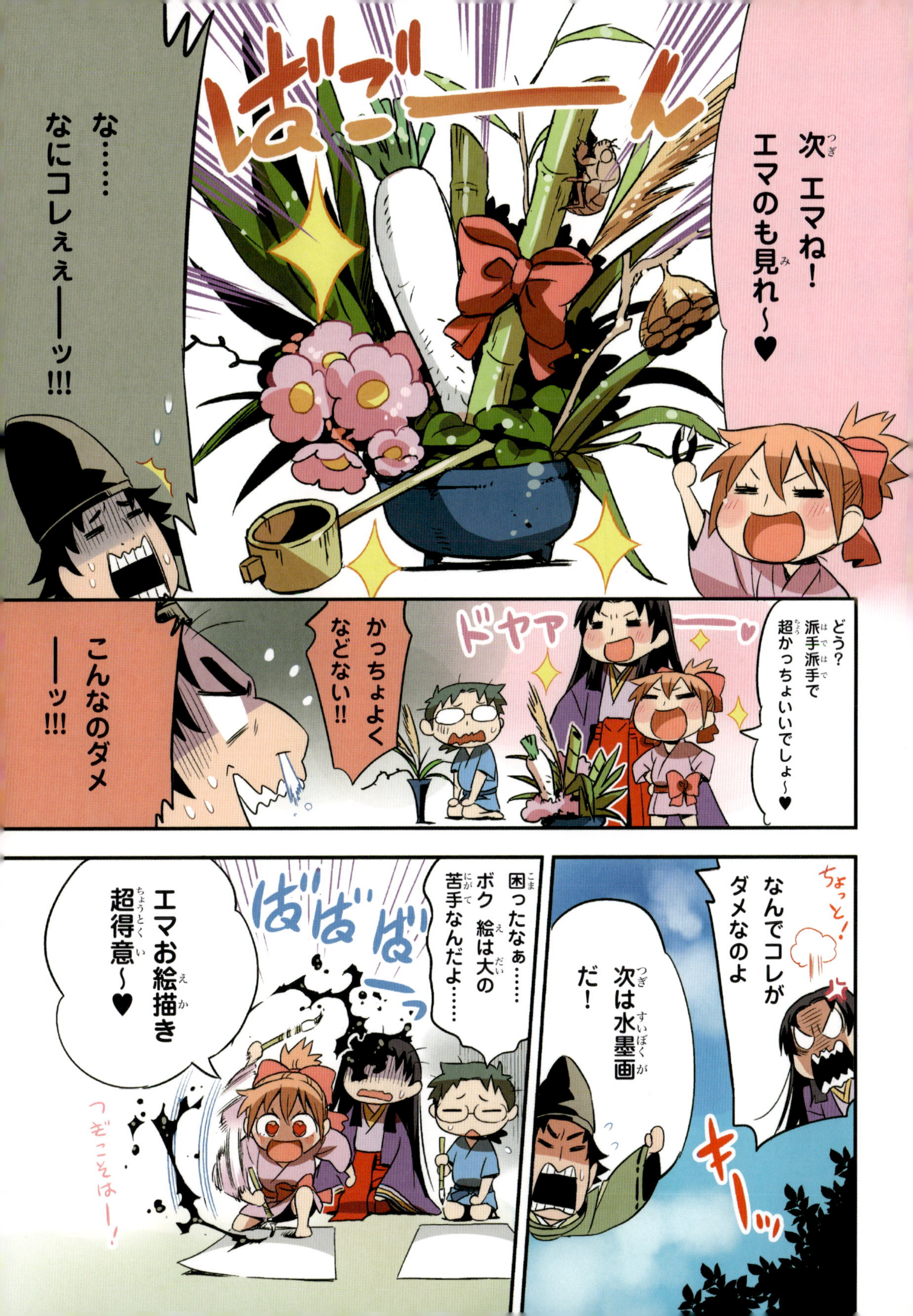
ばごーーーん
次《つぎ》 エマね! エマのも見《み》れ～♥
な…… なにコレぇぇーーーッ!!!
どう? 派手《はで》派手《はで》で超《ちょう》かっちょいいでしょ～♥
ドヤァーー♥
かっちょよく などない!!
こんなのダメーーッ!!!
ちょっと!
なんでコレが ダメなのよ
次《つぎ》は水墨画《すいぼくが》だ!
キーッ
困《こま》ったなぁ…… ボク 絵《え》は大《だい》の 苦手《にがて》なんだよ……
ばばばーっ
エマお絵描《えか》き 超得意《ちょうとくい》～♥
つぎこそはー!

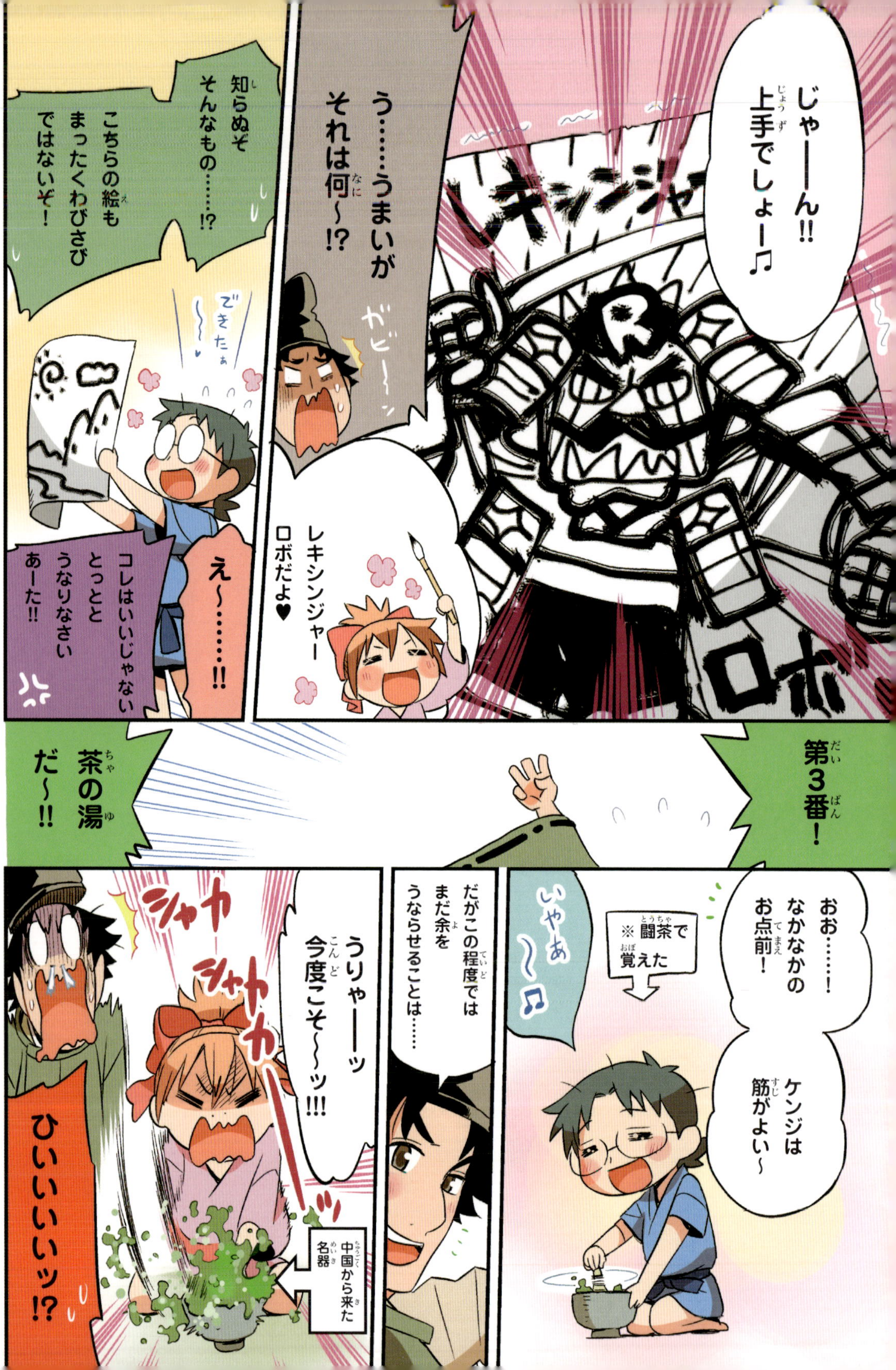
じゃーーん!!
上手《じょうず》でしょー♫
う……うまいが
それは何《なに》〜!?
ガビ〜ン
レキシンジャー
ロボだよ♥
知《し》らぬぞ
そんなもの……!?
こちらの絵《え》も
まったくわびさび
ではないぞ!
できたぁ〜
え〜……!!
コレはいいじゃない
とっとと
うなりなさい
あーた!!
第《だい》3番《ばん》!
茶《ちゃ》の湯《ゆ》
だ〜!!
おお……!
なかなかの
お点前《てまえ》!
※闘茶《とうちゃ》で
覚《おぼ》えた
いやあ〜♫
ケンジは
筋《すじ》がよい〜
だがこの程度《ていど》では
まだ余《よ》を
うならせることは……
うりゃーーッ
今度《こんど》こそ〜〜ッ!!!
中国《ちゅうごく》から来《き》た
名器《めいき》
シャカ
シャカ
シャカ
ひぃいいいいッ!?

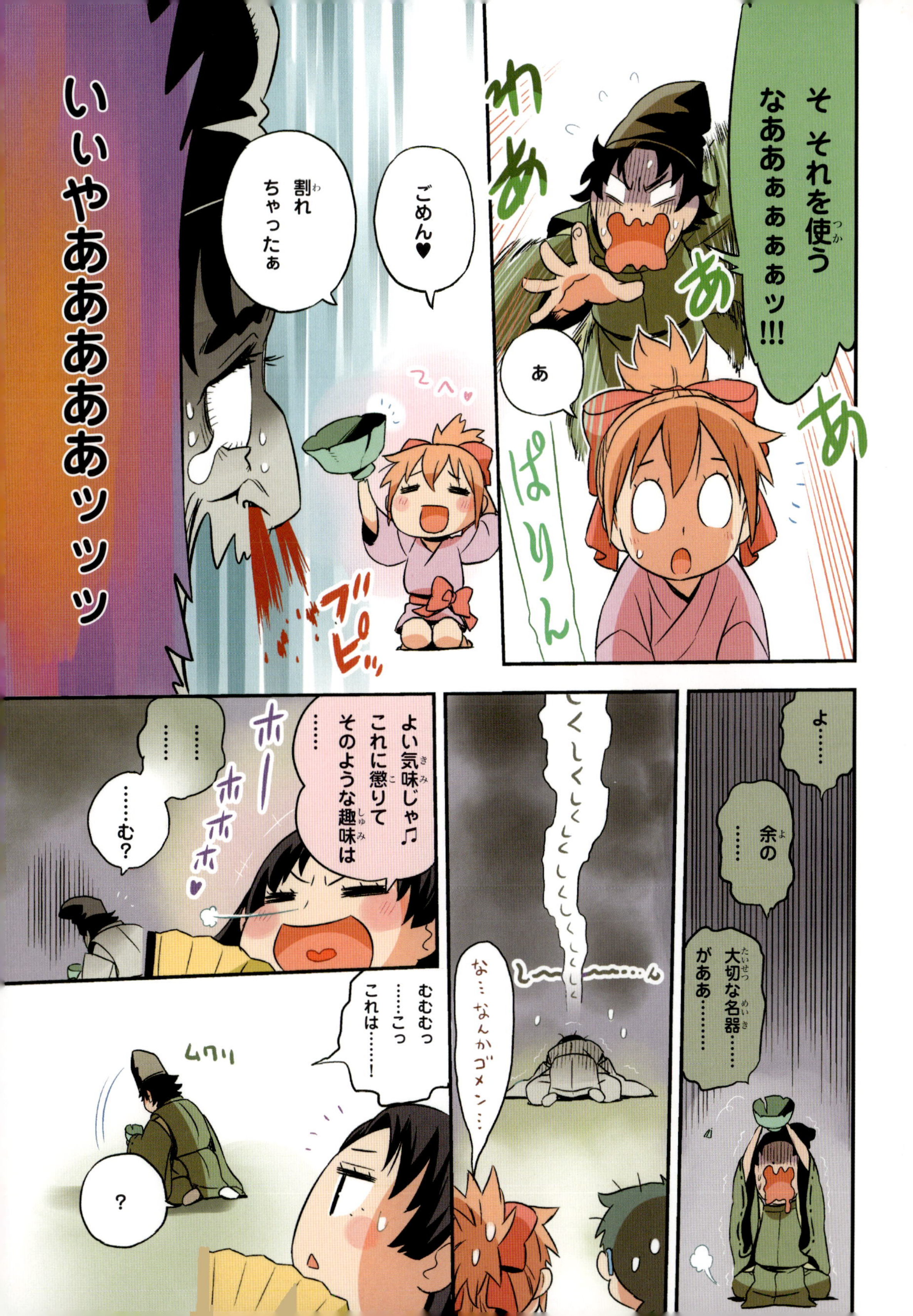

そ それを使《つか》う
なあぁぁぁぁッ!!!
わあ
ああ
あ
ぱりん
ごめん♥
割《わ》れちゃったぁ
てへ♡
ブピッ
いいやあああああッッッ
よ……
余《よ》の……
大切《たいせつ》な名器《めいき》……があ……
しくしくしくしくしくしくしくしく
し〜〜〜〜〜……ん
な…なんかゴメン……
よい気味《きみ》じゃ♫ これに懲《こ》りて そのような趣味《しゅみ》は……
ホーホホホ♥
…… ……
……む?
むむむっ ……こっ これは……!
ムクリ
?

こっ
このヒビの入《はい》り方《かた》は
実《じつ》に美《うつく》しい……ッ
え《い》も言われぬ
わびさびが
感《かん》じられる
じゃないか♥
ぱああっ♥
ええ～～!?
う～む 新《あたら》しい
美《び》の発見《はっけん》だ！
でかしたエマ！
ほうびに何《なん》でも
持《も》っていくがよい♪
わーい♥
エマでかした
～!!
だめだこりゃ……
はぁ…
あんな夫《おっと》でも
将軍《しょうぐん》になりたての
若《わか》い頃《ころ》は 政治《せいじ》にも
やる気《き》が
あったのじゃ……
そうなん
ですか……？
しかし夫《おっと》の代《だい》には
将軍《しょうぐん》の意見《いけん》は
まったく通《とお》らなく
なっておった……
すっかり
やる気《き》を失《うしな》った夫《おっと》は
遊《あそ》んでばかりに
なってしまったんじゃ……

だからダメ夫《おっと》の分《ぶん》までわたくしが頑張《がんば》るのじゃ!
キッ
なによりも息子《むすこ》・義尚《よしひさ》のためにーッ!
そのためにも金《かね》じゃ! もっと金《かね》がいるのじゃ!! 金《かね》〜〜♥
さぁ ジャンジャンかせぐぞ〜!!!
かーねーーッツ
義政《よしまさ》さん いろいろ大変《たいへん》そうだったね……
エマ わびさび最後《さいご》までわかんなかった〜
やっぱり地味《じみ》より派手派手《はではで》のほうがエライんだよ♥
ピカピカ〜
いや そういうことじゃないと思《おも》うぞ……
まぁ とにかく首輪《くびわ》は返《かえ》してもらえたし もうひとつの元《もと》の時代《じだい》のモノを探《さが》しにいこう!
おーーっ♥
わんっ

室町時代《むろまちじだい》の破戒僧《はかいそう》・一休《いっきゅう》

① 金《かね》もうけに走《はし》る大寺院《だいじいん》が大嫌《だいきら》い！

一休《いっきゅう》は、室町幕府《むろまちばくふ》が最盛期《さいせいき》だった1394（応永《おうえい》1）年《ねん》、京《きょう》で生《う》まれました。母《はは》は貴族《きぞく》の娘《むすめ》で、父《ちち》は後小松天皇《ごこまつてんのう》ともいわれています。6歳《さい》で格式《かくしき》のある禅寺《ぜんでら》に預《あず》けられました。

一休《いっきゅう》が大人《おとな》になった頃《ころ》、室町幕府《むろまちばくふ》では有力者《ゆうりょくしゃ》の争《あらそ》いが絶《た》えず、庶民《しょみん》は苦《くる》しい生活《せいかつ》にあえいでいました。

しかし、大寺院《だいじいん》の僧侶《そうりょ》はぜいたくな生活《せいかつ》を送《おく》っている……。憤《いきどお》った一休《いっきゅう》は17歳《さい》で大寺院《だいじいん》を去《さ》り、各地《かくち》を旅《たび》しながら生《い》きるようになりました。一休《いっきゅう》という名《な》は、25歳《さい》の時《とき》に詠《よ》んだ「自分《じぶん》はこの世《よ》で一休《ひとやす》みしているようなものだ」という内容《ないよう》の歌《うた》にちなんでいます。

まじめで賢《かしこ》い周建《しゅうけん》（一休《いっきゅう》の子《こ》ども時代《じだい》の名前《なまえ》）です！

約《やく》80年後《ねんご》……
「破戒僧《はかいそう》」になったぞ〜！

② 庶民《しょみん》とともにイキイキ一休《いっきゅう》

一休《いっきゅう》は、僧侶《そうりょ》が守《まも》るべきルール（戒律《かいりつ》）を破《やぶ》り、殺生《せっしょう》（魚《さかな》などを殺《ころ》して食《た》べること）もすれば酒《さけ》も飲《の》む「破戒僧《はかいそう》」でしたが、庶民《しょみん》からとても慕《した》われていました。一方《いっぽう》で、嫌《きら》っていた大寺院《だいじいん》の僧侶《そうりょ》からも尊敬《そんけい》されており、81歳《さい》の時《とき》には応仁《おうにん》の乱《らん》で焼《や》け落《お》ちた大寺院《だいじいん》（大徳寺《だいとくじ》）の住職《じゅうしょく》になり、再建《さいけん》に協力《きょうりょく》しています。

ある年《とし》の正月《しょうがつ》には、「ぜいたくな生活《せいかつ》を送《おく》っていてもいつかはみんな死《し》んでしまう」という意味《いみ》を込《こ》めて、どくろの杖《つえ》をついて歩《ある》いたといわれています。

1481（文明《ぶんめい》13）年《ねん》、一休《いっきゅう》は88歳《さい》で亡《な》くなりました。最期《さいご》の言葉《ことば》は「死《し》にとう……ない」だったそうです。

もの知りコラム

一休《いっきゅう》とんち話《ばなし》

「一休《いっきゅう》」と聞《き》いて思《おも》い浮《う》かべるのが、とんち話《ばなし》です。これらは、じつは後《のち》の江戸時代《えどじだい》に書かれた物語《ものがたり》がもとになっていますが、とてもおもしろいですよね。ここでいくつか紹介《しょうかい》しましょう。

●このはし渡《わた》るべからず

一休《いっきゅう》にいつもとんちで負《ま》けていた商人《しょうにん》がいた。なんとか一休《いっきゅう》を負《ま》かそうとした商人《しょうにん》は、一休《いっきゅう》を自宅《じたく》に招《まね》くことにし、家《いえ》の前《まえ》の橋《はし》に「このはし渡《わた》るべからず（渡《わた》ってはいけない）」という立《た》て札《ふだ》を立《た》てた。しかし、一休《いっきゅう》は堂々《どうどう》と橋《はし》を渡《わた》ってこう言《い》った……。

このはし わたる べからず
「はし（端《はし》っこ）を渡《わた》ってはいけない」と書《か》かれていたので真《ま》ん中《なか》を渡《わた》りました

●和尚《おしょう》さんの水飴《みずあめ》

一休《いっきゅう》たち小坊主《こぼうず》が修行《しゅぎょう》しているお寺《てら》の和尚《おしょう》さんの大好物《だいこうぶつ》、それは水飴《みずあめ》。ある日《ひ》、水《みず》飴《あめ》をなめているところを小坊主《こぼうず》に見《み》られた和尚《おしょう》さんは、水飴《みずあめ》をあげたくなくて「これは子《こ》どもには毒《どく》なのだ」と言《い》った。

数日後《すうじつご》、小坊主《こぼうず》のひとりが和尚《おしょう》さんの大《たい》切《せつ》なつぼを割《わ》ってしまった。一休《いっきゅう》は全員《ぜんいん》で水飴《みずあめ》をなめてしまおうと言《い》う。泣《な》きながらなめている小坊主《こぼうず》たちを見《み》て驚《おどろ》いた和尚《おしょう》さんに一休《いっきゅう》は……。

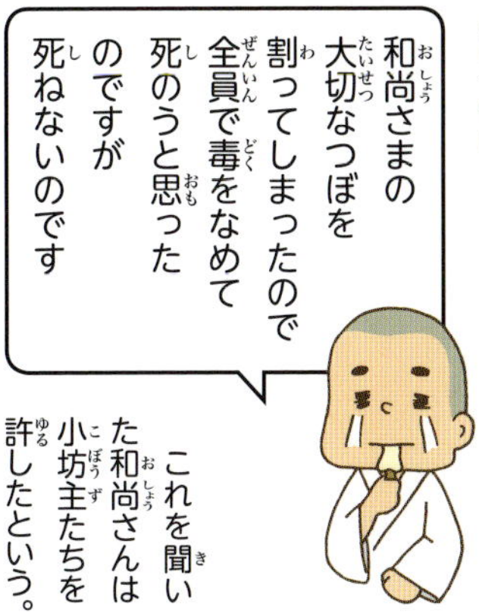
和尚《おしょう》さまの大切《たいせつ》なつぼを割《わ》ってしまったので全員《ぜんいん》で毒《どく》をなめて死《し》のうと思《おも》ったのですが死《し》ねないのです

これを聞《き》いた和尚《おしょう》さんは小坊主《こぼうず》たちを許《ゆる》したという。

●屏風《びょうぶ》の虎退治《とらたいじ》

一休《いっきゅう》の評判《ひょうばん》を聞《き》いた足利義満《あしかがよしみつ》。こんな難《なん》問《もん》をつきつけた。

夜《よる》になると飛《と》び出《だ》して悪《わる》さをするこの屏風《びょうぶ》の虎《とら》を捕《つか》まえよ

一休《いっきゅう》は縄《なわ》を持《も》ち屏風《びょうぶ》の前《まえ》で身構《みがま》えて言《い》った。

捕《つか》まえる用意《ようい》はできました！だれかこの虎《とら》を屏風《びょうぶ》から追《お》い出《だ》してください

義満《よしみつ》はこの答《こた》えに感心《かんしん》し、一休《いっきゅう》にほうびを与《あた》えたという。

9章《しょう》 Taka《タカ》、タカと会《あ》う

綿《わた》の栽培《さいばい》が始《はじ》まって
着物《きもの》の素材《そざい》が
麻《あさ》から木綿《もめん》になったんだよ♪

元《もと》の時代《じだい》のモノ
ひとつゲットできたのね！
すご〜〜い♥
あともうひとつねぇ
えっとぉ〜
パッ
京
キョウ
ココ♥
京《きょう》の南《みなみ》のほうに
反応《はんのう》アリよ〜ん♥
よし
さっそく
行《い》こう！
おっけ〜〜い♪
近《ちか》くまで連《つ》れてって
あ・げ・る〜♥
この時代《じだい》の人《ひと》に
飛《と》んでるところを
見《み》られたらいけないから
タイムホールを
移動《いどう》するわよ！
レッツ☆ラ☆
ゴーーッ♠
ビュン

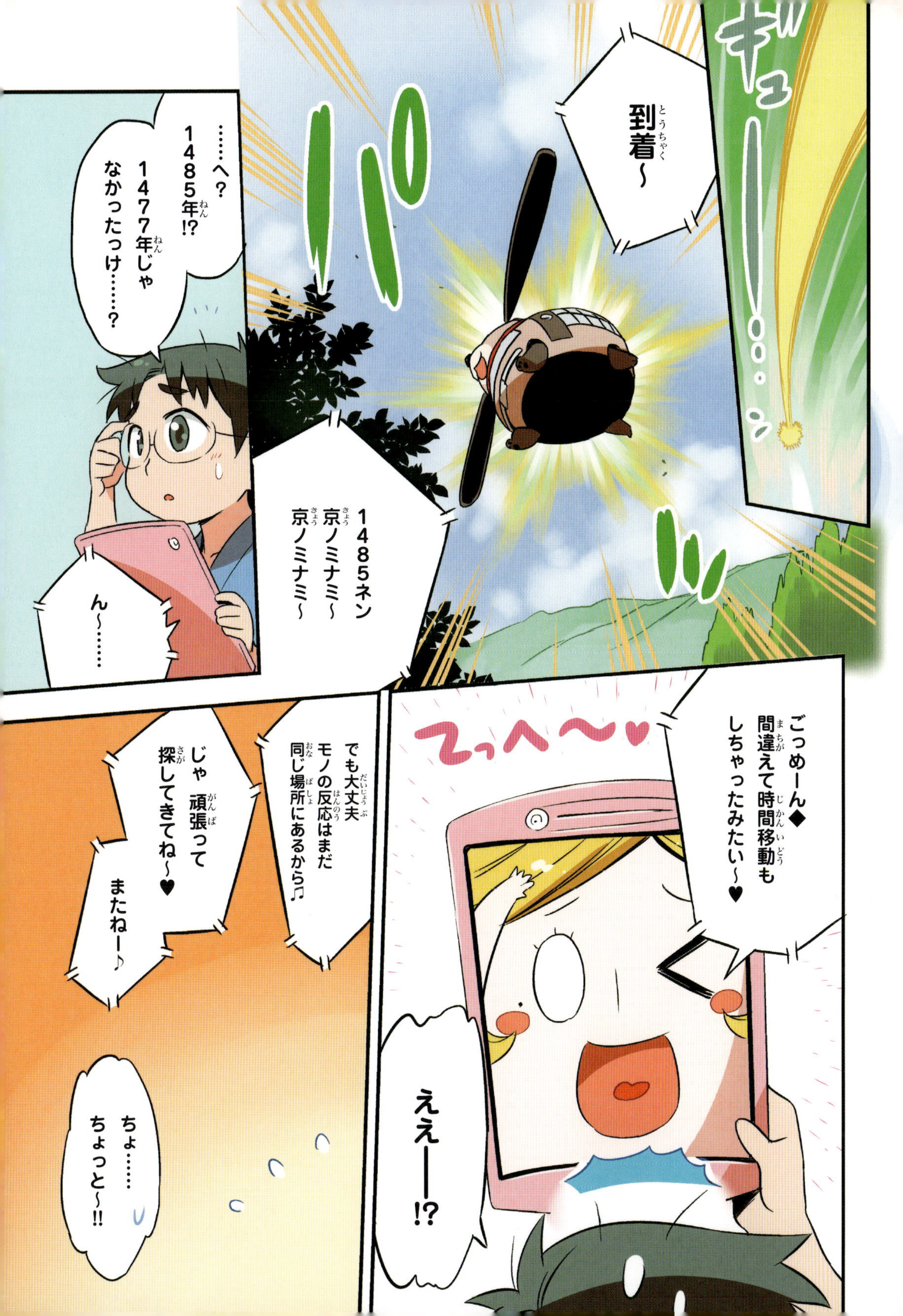
ギュー……
到着《とうちゃく》～
パッ
1485ネン
京《きょう》ノミナミ～
京《きょう》ノミナミ～
……へ? 1485年《ねん》!? 1477年《ねん》じゃなかったっけ……?
ん～……
ごっめーん◆ 間違《まちが》えて時間移動《じかんいどう》もしちゃったみたい～♥
てへ～♥
ええ――!?
でも大丈夫《だいじょうぶ》 モノの反応《はんのう》はまだ同《おな》じ場所《ばしょ》にあるから♫
じゃ 頑張《がんば》って探《さが》してきてね～♥
またねー♪
ちょ…… ちょっと～!!

テキトーなガイドだなぁ……
いろんな時代《じだい》に行《い》けて楽《たの》しいじゃん～♪
さぁTaka《タカ》! 鼻《はな》を使《つか》って探《さが》すんだ～!
!
くんくん
わんっ
わわわ～ん♪
えっ!? もう嗅《か》ぎつけたの……?
ぴゅ～～っ
すごいぞTaka《タカ》!
まて～
ひゃあああっ!?
!?

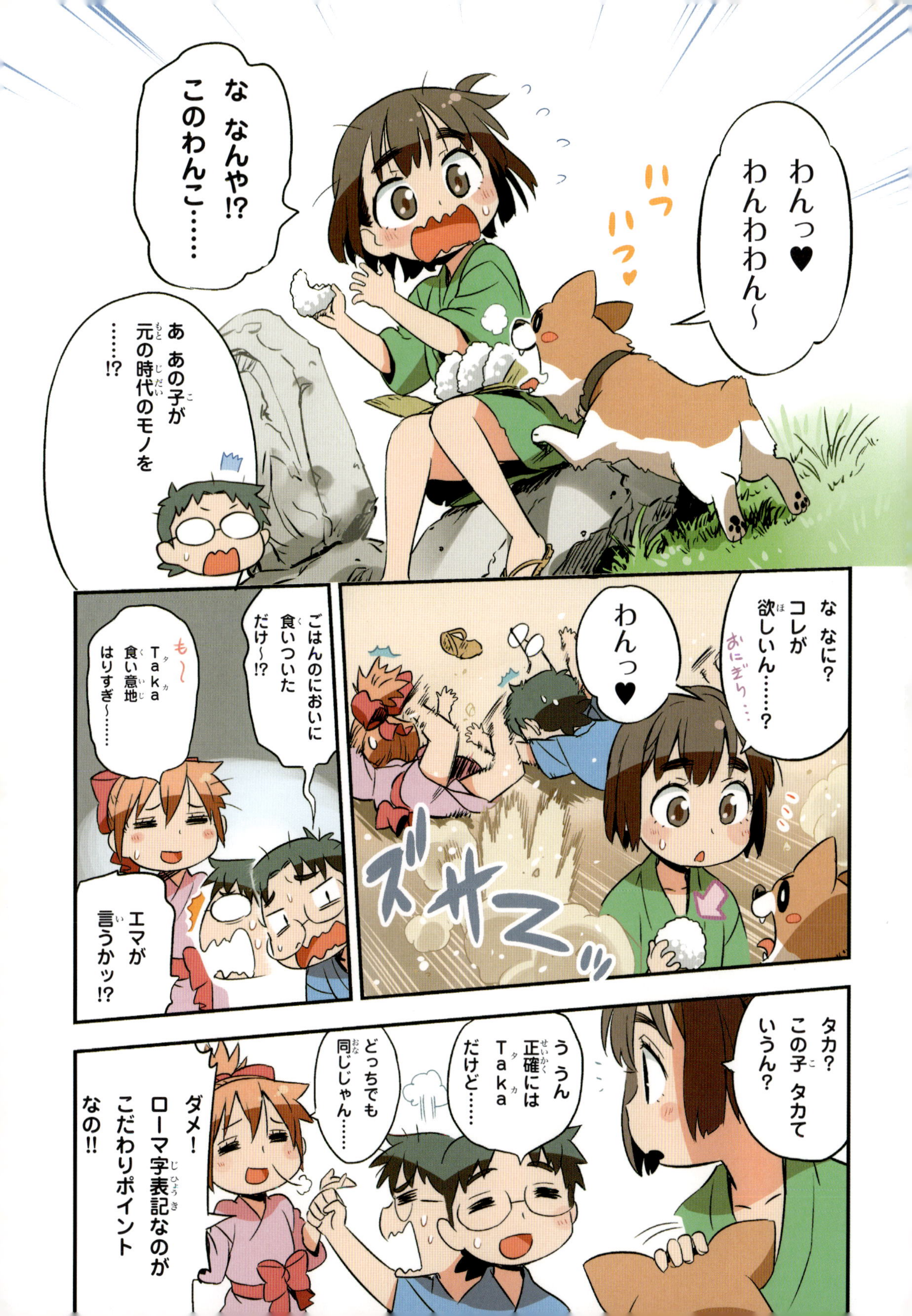

わんっ♥ わんわわん～
ハッ ハッ♥
な なんや!? このわんこ……
あ あの子《こ》が元《もと》の時代《じだい》のモノを……!?
な なに? コレが欲《ほ》しいん……?
おにぎり…
わんっ♥
ズザザッ
ごはんのにおいに食《く》いついただけ～!?
も～ Taka《タカ》 食《く》い意地《いじ》はりすぎ～……
エマが言《い》うかッ!?
タカ? この子《こ》 タカていうん?
ううん 正確《せいかく》には Taka《タカ》 だけど……
どっちでも同《おな》じじゃん……
ダメ! ローマ字表記《じひょうき》なのがこだわりポイントなの!!

ウチもタカていうんや
おんなじ名前《なまえ》やな～♥
ばわぅ♥
でもえらく変《か》わったわんこやな～
じぃ～
ぎゅるるるる～
ひいじいが昔見《むかしみ》たわんこもかなり変《か》わってたそうやけど……
なでなで
……あ あんたも食《た》べる？
食《た》べる～♥

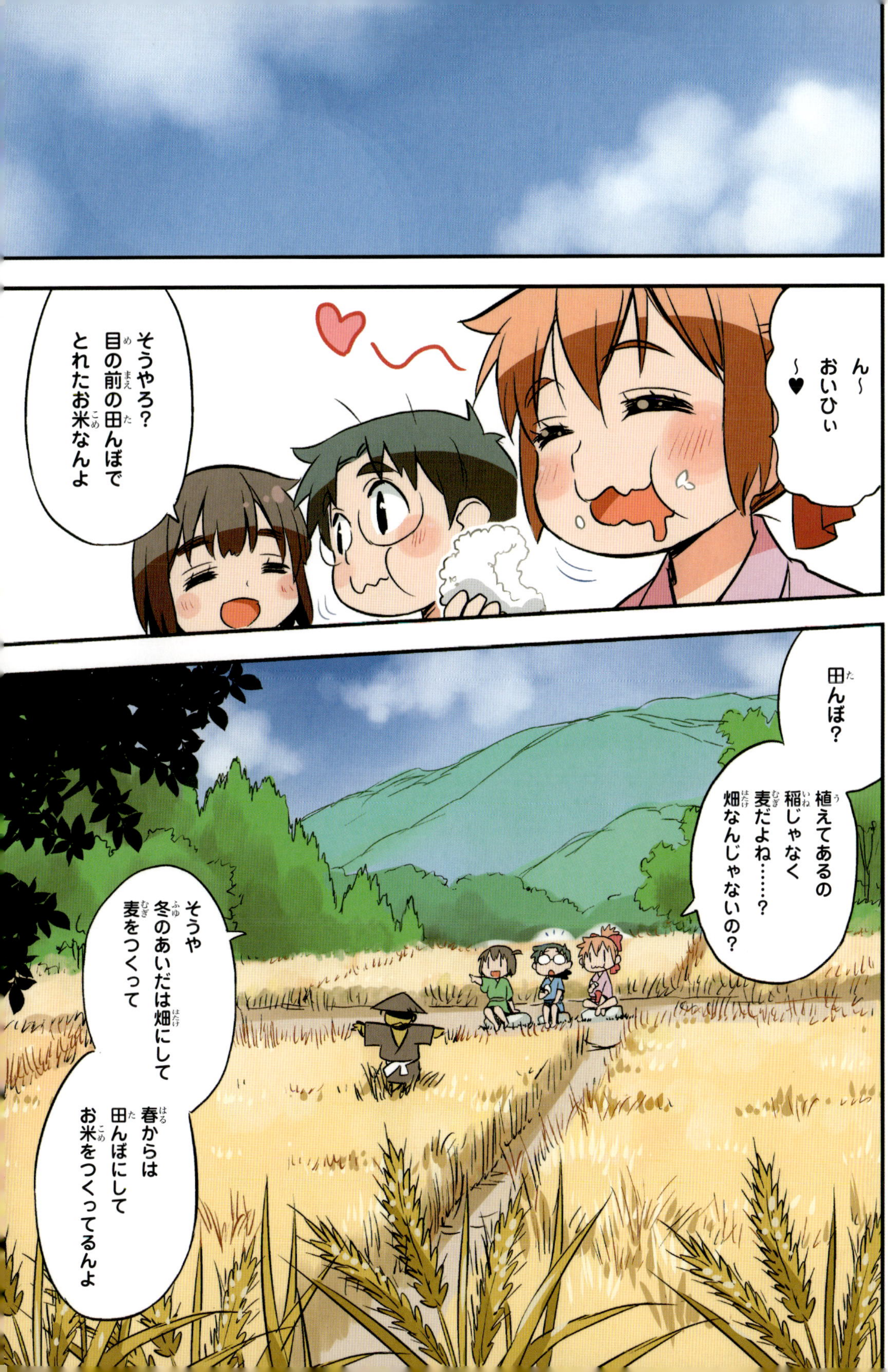
ん〜おいひぃ〜♥
そうやろ?目《め》の前《まえ》の田《た》んぼでとれたお米《こめ》なんよ
田《た》んぼ?
植《う》えてあるの稲《いね》じゃなく麦《むぎ》だよね……?畑《はたけ》なんじゃないの?
そうや冬《ふゆ》のあいだは畑《はたけ》にして麦《むぎ》をつくって
春《はる》からは田《た》んぼにしてお米《こめ》をつくってるんよ

同《おな》じ場所《ばしょ》で別《べつ》の作物《さくもつ》をつくる「二毛作《にもうさく》」やお得《とく》な技《わざ》やろ?
この技術《ぎじゅつ》のおかげで大助《おおだす》かりや!
へー そうなんだ
2
1
モ~
モ~
2モー サク……?
昔《むかし》にくらべて農業《のうぎょう》がすごく進歩《しんぽ》したんやで
ウチの村《むら》も昔《むかし》は貧《まず》しかったけどひいじいがたくさんのお金使《かねつか》って田畑《たはた》を増《ふ》やしたり水車《すいしゃ》をこさえたり……
三毛作《さんもうさく》＊まで取《と》り入《い》れたりして豊《ゆた》かにしたんや!
へえ~ すごいひいじいちゃんなんだね!
せや! 子《こ》どもの頃《ころ》倭寇《わこう》で大暴《おおあば》れしたり京《きょう》で闘茶《とうちゃ》やって荒《あら》かせぎしたんやて!
倭寇《わこう》……闘茶《とうちゃ》……?
そ それって……
ワー
ワー
ドタ
ドタ
ガヤ

＊三毛作《さんもうさく》＝同《おな》じ場所《ばしょ》で1年《ねん》に3種類《しゅるい》の作物《さくもつ》を次々《つぎつぎ》とつくること。

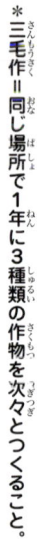

ワァァァ
!?
守護大名《しゅごだいみょう》の家来《けらい》の武士《ぶし》たちだ!!
な なに!? 戦《いくさ》……?
ワー
ワー
ワー
あいつら またウチらの 畑《はたけ》で……!
!? なな なにする 気《き》……!?

ちょっと あんたたち
ウチらの畑《はたけ》 踏《ふ》み荒《あ》らさんといてや
戦《いくさ》はよそでやって！
!?
な なんじゃ このチビはッ！
とっとと行《い》けッ！ 邪魔《じゃま》すると斬《き》り飛《と》ばすぞ……ッ!!
あ あぶない タカ……ッ!!

エマ&《アンド》Taka《タカ》ぱ——んち!!!
カッッ
ガブッ
ごうわッ!?
ドド
ガビーン
それ パンチなの!?
ゴロ
ゴロ
ゴロロ～
トトトトトトト
スタッ
ドボォン!

ぎゃわーーーッッ
ヒィィ〜〜
こ 肥《こえ》だめに落《お》ちたあああッ!?
く くさ……ッ くっさ〜〜ッ!!
くさっ!? おじさん うんちくさいよ……ッ!!!
ウン臭《しゅう》武士《ぶし》だ〜!!!
こ コエダメって何《なに》?
肥料《ひりょう》に使《つか》う うんちをためる穴《あな》や
ガボォ
プ〜〜
おまえのせいだろーッ!?
げ
こ こりゃたまらん 戦中止《いくさちゅうし》ッ 中止《ちゅうし》じゃあーッ!
お覚《おぼ》えてやがれ〜……!!
くそ〜〜…
ええ気味《きみ》や!
……気《き》の毒《どく》に……

何《なん》だったの今《いま》の……？
この辺《へん》を支配《しはい》しとる守護大名《しゅごだいみょう》の一族《いちぞく》とその兵士《へいし》や
なんや知《し》らんが一族《いちぞく》で仲間割《なかまわ》れして応仁《おうにん》の乱《らん》からずっとこのあたりで戦《いくさ》しとるんや
ええ!? 応仁《おうにん》の乱《らん》ってだいぶ前《まえ》に終《お》わったんじゃ……
これ見《み》てみ！
あいつらがところかまわず戦《いくさ》しよるから畑《はたけ》がメチャクチャや……
戦《いくさ》だいうては年貢《ねんぐ》を取《と》られ村《むら》の男《おとこ》たちは兵《へい》に取《と》られ……
守護大名《しゅごだいみょう》はウチら領民《りょうみん》を守《まも》るのが仕事《しごと》……
……なのになんや！あいつらのせいでウチの村《むら》は大迷惑《だいめいわく》や！
もう みんながまんの限界《げんかい》やで……!!
へえ……

じゃあ 追《お》い出《だ》しちゃえば いいじゃん
そんな…… ウチらただの 農民《のうみん》や…… 武器《ぶき》を持《も》った武士《ぶし》に そんなこと ようやれへんわ……
今《いま》…… このあたりの村《むら》の 長《おさ》や地侍《じざむらい》＊が集《あつ》まって 話《はな》し合《あ》ってるん やけど……
ウチの村《むら》は 長《おさ》だったひいじいが この間《あいだ》 亡《な》くなって しもうたからなぁ
才丸《さいまる》ひいじいが 生《い》きとって くれれば……
才丸《さいまる》!?
ややっぱりキミ マルちゃんの ひ孫《まご》なんだ……!!
ええ!? そうなの !?
……へ? ひいじいを 知《し》っとんの?

＊地侍《じざむらい》＝農村《のうそん》に住《す》む武士《ぶし》

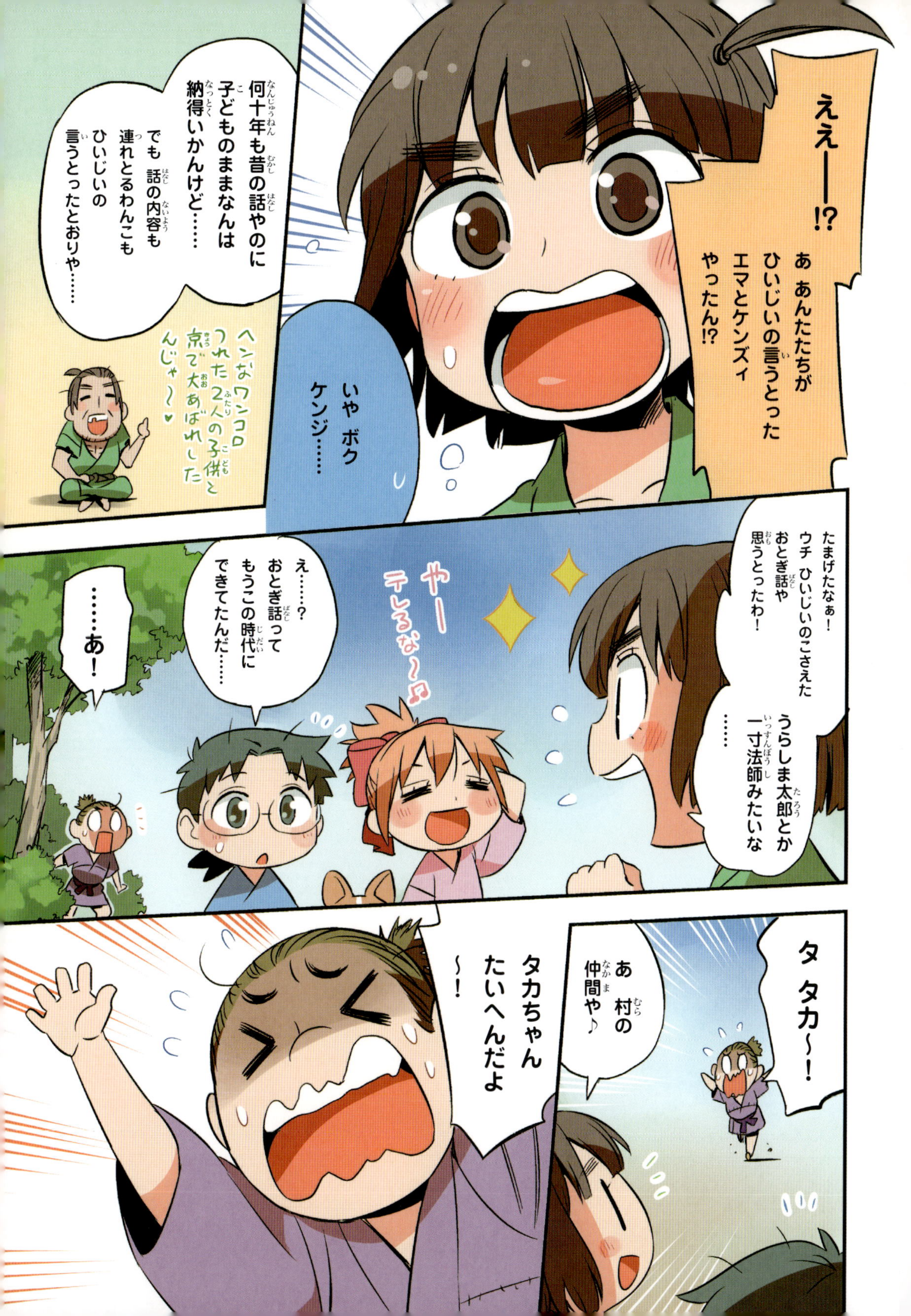

ええーー!?
あ あんたたちが ひいじいの言《い》うとった エマとケンズィ やったん!?
いや ボク ケンジ……
何十年《なんじゅうねん》も昔《むかし》の話《はなし》やのに 子《こ》どものままなんは 納得《なっとく》いかんけど…… でも 話《はなし》の内容《ないよう》も 連《つ》れとるわんこも ひいじいの 言《い》うとったとおりや……
ヘンなワンコロ つれた2人《ふたり》の子供《こども》と 京《きょう》で大《おお》あばれした んじゃ～♥
たまげたなぁ! ウチ ひいじいのこさえた おとぎ話《ばなし》や 思《おも》うとったわ!
…… うらしま太郎《たろう》とか 一寸法師《いっすんぼうし》みたいな
やー テレるな～♫
え……? おとぎ話《ばなし》って もうこの時代《じだい》に できてたんだ……
……あ!
タ タカ～!
あ 村《むら》の 仲間《なかま》や♪
タカちゃん たいへんだよ ～!

経済《けいざい》の発展《はってん》と農民《のうみん》たち

① 明《みん》からお金《かね》がやってきて庶民《しょみん》も盛《さか》んにお金《かね》を使《つか》い始《はじ》めた

長《なが》い間《あいだ》、庶民《しょみん》は米《こめ》や布《ぬの》などを年貢《ねんぐ》として納《おさ》めたり、欲《ほ》しいものと交換《こうかん》したりしていたので、お金《かね》をあまり必要《ひつよう》としていませんでした。しかし、室町時代《むろまちじだい》に入《はい》ると、明《みん》（中国《ちゅうごく》）で使《つか》われているお金《かね》・明銭《みんせん》（永楽通宝《えいらくつうほう》や洪武通宝《こうぶつうほう》など）が大量《たいりょう》に輸入《ゆにゅう》され、庶民《しょみん》もお金《かね》を盛《さか》んに使《つか》うようになりました。

また、新《あたら》しい道具《どうぐ》の開発《かいはつ》もあり、各地《かくち》でさまざまな産業《さんぎょう》が発達《はったつ》しました。こうした各地《かくち》の産物《さんぶつ》を運《はこ》ぶため、馬借《ばしゃく》・車借《しゃしゃく》と呼《よ》ばれる運送業者《うんそうぎょうしゃ》が活躍《かつやく》するなど、室町時代《むろまちじだい》の経済《けいざい》は、それ以前《いぜん》より大《おお》きく発展《はってん》しました。

② 現代《げんだい》につながる特産品《とくさんひん》が誕生《たんじょう》し、1つの仕事《しごと》の専門家《せんもんか》の「職人《しょくにん》」が増《ふ》えた

各地《かくち》の守護大名《しゅごだいみょう》が保護《ほご》したこともあって、西陣織《にしじんおり》や宇治茶《うじちゃ》（ともに京都府《きょうとふ》）、瀬戸焼《せとやき》（愛知県《あいちけん》）、紀州《きしゅう》ミカン（和歌山県《わかやまけん》、三重県《みえけん》）といった特産品《とくさんひん》が生《う》まれました。手工業《しゅこうぎょう》が盛《さか》んになると、布《ぬの》を織《お》ったり染《そ》めたりする人《ひと》や大工《だいく》など、いろいろな仕事《しごと》を専門《せんもん》に行《おこな》う「職人《しょくにん》」も増《ふ》え、町《まち》や村《むら》がにぎわうようになりました。

明銭《みんせん》（洪武通宝《こうぶつうほう》）
国立歴史民俗博物館蔵

車借《しゃしゃく》（模型《もけい》）
牛《うし》や馬《うま》に台車《だいしゃ》をひかせて荷物《にもつ》を運《はこ》んだ
国立歴史民俗博物館蔵

各地《かくち》の特産品《とくさんひん》

中国《ちゅうごく》から伝《つた》わった大鋸《おおが》で木材《もくざい》を切《き》る大工《だいく》（模型《もけい》）
国立歴史民俗博物館蔵

③ 農業《のうぎょう》も発達《はったつ》！日本《にほん》らしい村《むら》が生《う》まれた

室町時代《むろまちじだい》の農村《のうそん》では、作物《さくもつ》の収穫《しゅうかく》を増《ふ》やすために、新《あたら》しい農具《のうぐ》が開発《かいはつ》され、技術《ぎじゅつ》の改良《かいりょう》や工夫《くふう》なども進《すす》みました。農具《のうぐ》では、鉄《てつ》でできた鍬《くわ》や鋤《すき》などが広《ひろ》まります。ほかにも水《みず》の流《なが》れを利用《りよう》して、田《た》んぼへ水《みず》をくみ上《あ》げる水車《すいしゃ》も発達《はったつ》しました。

また、鎌倉時代《かまくらじだい》の終《お》わりに始《はじ》まった、同《おな》じ田畑《たはた》で一《いち》年《ねん》に2回《かい》、違《ちが》う種類《しゅるい》の作物《さくもつ》をつくる「二毛作《にもうさく》」が各《かく》地《ち》に広《ひろ》まりました。作物《さくもつ》をつくると減《へ》ってしまう土地《とち》の栄養《えいよう》を補給《ほきゅう》するために、人《ひと》や牛《うし》などのうんちを「肥《こえ》だめ」にためて肥料《ひりょう》として使《つか》うようになりました。

室町時代《むろまちじだい》に広《ひろ》まった水車《すいしゃ》（模型《もけい》）

国立歴史民俗博物館蔵

農業《のうぎょう》が発達《はったつ》するにつれて、農民同士《のうみんどうし》のつながりが強《つよ》くなり、「集《しゅう》落《らく》」がつくられるようになります。集落《しゅうらく》では用《よう》水路《すいろ》の建設《けんせつ》や、燃料《ねんりょう》や飼料《しりょう》の利用《りよう》や管理《かんり》などについての「おきて」がつくられ、集《しゅう》落《らく》がさらにまとまった「惣村《そうそん》」と呼《よ》ばれる自治組織《じちそしき》もできました。惣村《そうそん》は、日本《にほん》らしい村《むら》の風景《ふうけい》として現代《げんだい》にも存在《そんざい》します。

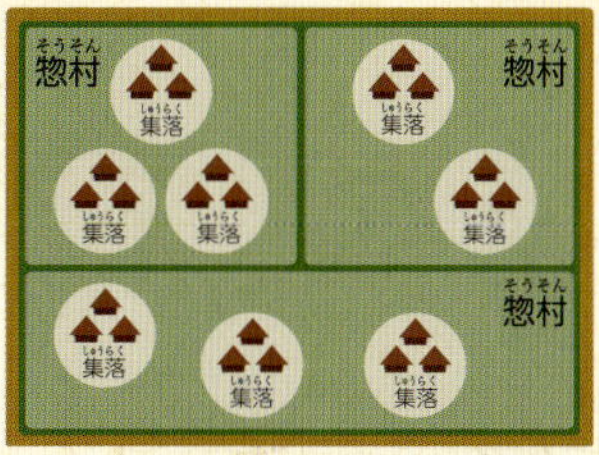

惣村《そうそん》の構造《こうぞう》

畑《はたけ》に肥料《ひりょう》を運《はこ》んだり、撒《ま》いたりする農民《のうみん》

「洛中洛外図」から　国立歴史民俗博物館蔵

10章《しょう》
村《むら》を救《すく》え！

タカの村《むら》
まわりの村《むら》の人《ひと》を集《あつ》めて守護大名《しゅごだいみょう》に要求《ようきゅう》をつきつける!?
領地《りょうち》を荒《あ》らすばかりの守護大名《しゅごだいみょう》どもに「出《で》ていけ！」と言《い》いにいくんじゃ……！
いよいよ一揆《いっき》じゃ……
いっき？飲《の》み物《もの》を一気《いっき》に飲《の》むの？
いっき！いっき！
一揆《いっき》とは農民《のうみん》とかが団結《だんけつ》することや場合《ばあい》によっては戦《たたか》うことだってある……
じー

やつらには出《で》てってほしいが戦《たたか》いになったら武士《ぶし》に勝《か》てるじゃろか……?
やるしかねえべ!!
あーだ
こーだ
わしらの村《むら》は人《ひと》の数《かず》が少《すく》ないしろくな武器《ぶき》もないしのう……
こんな時《とき》才丸《さいまる》じいさんがおってくれたら……
大丈夫《だいじょうぶ》や! 強力《きょうりょく》な助《すけ》っ人《と》を連《つ》れてきたで!
強力《きょうりょく》な助《すけ》っ人《と》……?
才丸《さいまる》ひいじいと京《きょう》で大暴《おおあば》れした伝説《でんせつ》のふたり~ エマとケンズィや!!
ガビーン
え……
ええ~~!? ボ ボクたち~!?
ザワッ
なんと! このふたりがあの伝説《でんせつ》のエマとケンズィ!?
若《わか》き才丸《さいまる》じいさんと3人《にん》で倭寇《わこう》を全滅《ぜんめつ》させたり京中《きょうじゅう》の闘茶会《とうちゃかい》を荒《あ》らしまわって大金持《おおがねも》ちになり足利義満《あしかがよしみつ》さまが金閣《きんかく》を建《た》てるのに力《ちから》を借《か》りたという あのエマとケンズィ~!?
うわー…… なんか すんごい話《はなし》が盛《も》られてるぅ
マルちゃん調子《ちょうし》にのってホラふきまくったな……
よーし エマたちにまかせてよ~♥
ちょっ 安請《やすう》け合《あ》い ダメエエ~!!!

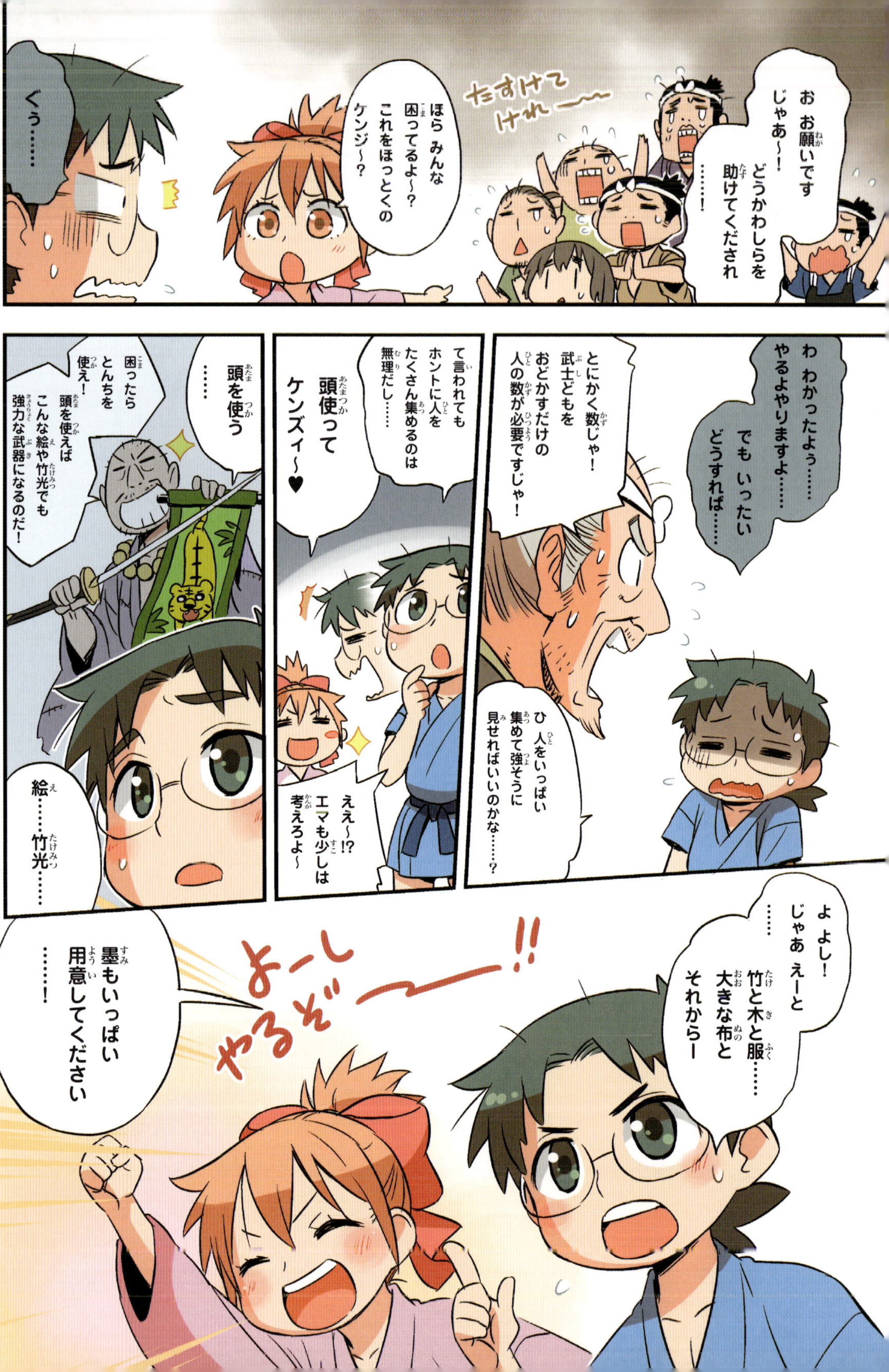

お お願《ねが》いです じゃあ～！ どうかわしらを 助《たす》けてくだされ ……！
たすけて けれ～～
ほら みんな 困《こま》ってるよ～？ これをほっとくの ケンジ～？
ぐう……
わ わかったよぅ…… やるよやりますよ…… でも いったい どうすれば……
とにかく数《かず》じゃ！ 武士《ぶし》どもを おどかすだけの 人《ひと》の数《かず》が必要《ひつよう》ですじゃ！
ひ 人《ひと》をいっぱい 集《あつ》めて強《つよ》そうに 見《み》せればいいのかな……？
て言《い》われても ホントに人《ひと》を たくさん集《あつ》めるのは 無理《むり》だし……
頭使《あたまつか》って ケンズィ～♥
ええ～!? エマも少《すこ》しは 考《かん》えろよ～
頭《あたま》を使《つか》う ……
困《こま》ったら とんちを 使《つか》え！ 頭《あたま》を使《つか》えば こんな絵《え》や竹光《たけみつ》でも 強力《きょうりょく》な武器《ぶき》になるのだ！
絵《え》…… 竹光《たけみつ》……
よ よし！ じゃあ えーと …… 竹《たけ》と木《き》と服《ふく》…… 大《おお》きな布《ぬの》と それからー
よーし やるぞ～～!!
墨《すみ》もいっぱい 用意《ようい》してください ……！

守護《しゅご》大名《だいみょう》の陣地《じんち》
ひとつ！守護《しゅご》大名《だいみょう》は戦《たたか》いをすぐにやめろ！
ひとつ！わしらの村《むら》から10日以内《とおかいない》に出《で》ていけ！
ひとつ！年貢《ねんぐ》はもうあんたたちには納《おさ》めない幕府《ばくふ》に直接納《ちょくせつおさ》める！
これらの要求《ようきゅう》を受《う》け入《い》れない場合《ばあい》は
実力《じつりょく》で追《お》い出《だ》す!!
ズラーー

農民《のうみん》が何《なに》をほざいておる……!
ど　どうします?　ほとんどの村《むら》が団結《だんけつ》したようですぞ……
地侍《じざむらい》もまじっているようです
だからなんだ!　われらは守護大名《しゅごだいみょう》ぞ!　農民《のうみん》の要求《ようきゅう》が聞《き》けるか!
兵《へい》と武器《ぶき》を見《み》せつけて蹴散《けち》らしてやれ!
ヤヤツら素直《すなお》に出《で》ていくかのう……
腐《くさ》っても守護大名《しゅごだいみょう》じゃ　戦《たたか》いになったらこちらもタダではすまんぞい……
ビビるでねぇ　みんなで決《き》めたことじゃろ……!
で　出《で》てきたぞ……!
!!!
ガシャ
ドカ
ドカ
つ　強《つよ》そうじゃ……!!

農民《のうみん》ども
今《いま》すぐ解散《かいさん》せい！
刀《かたな》 弓《ゆみ》 槍《やり》を
胸《むね》に刺《さ》して死《し》にたいのか!?
ヤヤツら
やる気《き》だあ……っ
ち ちきしょう!!!
農民《のうみん》どもめ
まだ引《ひ》かぬ気《き》か……
ええい かまわん！
かかれぇぇ～～ッ!!!
ワーッ!!
わあああ～～ッ!?
き 来《き》たああああッ!!
ちょーーっと
!?
待《ま》った
ああ～～ッ!!!

ザ――――ン！
むお…!?
な なんだ
ヤツらは!?
ズラ～～～
一気《いっき》に
人数《にんずう》が
増《ふ》えたぞ……!?
しかも刀《かたな》まで
持《も》っておるぞ!?
才丸《さいまる》の村《むら》の
ヤツらじゃ！
あの村《むら》に
あんなに人《ひと》が
おったか……？
武器《ぶき》はいったい
どこから……？

こ　こんな竹《たけ》の刀《かたな》や　かかしで　大丈夫《だいじょうぶ》かのう……
大丈夫《だいじょうぶ》や！　ケンジたちの立《た》てた　とんち作戦《さくせん》やもん！
ビク　ビク
あ　あの…　遠目《とおめ》ならバレない　……といいなぁ……　と思《おも》います……
たぶん
──って……　うわ──っ　向《む》かってきちゃった～!?
ウォー──！
ドドドドドド
ヒィ
ひるむなー!!　数《かず》は多《おお》くても　しょせん戦《いくさ》には　慣《な》れておらん～!!!
エ……
HELP!
エマ～～!!
ほ───い♥
ヌゥッ
かもーん♥　レキシンジャー　ロボーーッ!!!

……!?
ぞよっ
う……
うわあああああッ!?

ドドオ
だ……だだだ
ダイダラボッチ*だあああ〜〜ッ!!!
*ダイダラボッチ＝日本各地《にほんかくち》に伝《つた》わる昔話《むかしばなし》に出《で》てくる巨人《きょじん》の名前《なまえ》

だだらぼっち……？
違《ちが》うよ！レキシンジャーロボだよッ!!
……まいいじゃないか
今《いま》や！
ときの声《こえ》……やなくて大声《おおごえ》で歌《うた》うんや～!!
あ♪
ダダンダダダダダン♪
お……おお～～ッ!!!
ゴーゴーダッシュだ
レキシンジャーロボー♪
ひ……ひいい……っ
ヤツらなんちゅう団結力《だんけつりょく》じゃ……しかもあんなもののけまで……ッ
ザワワ…ッ
あんな巨人《きょじん》がいては武士《ぶし》が何人《なんにん》いても足《た》らん……
こ これはかなわん……

てっ撤退《てったい》！
全軍撤退《ぜんぐんてったい》じゃぁぁ〜〜ッッ!!
ダダーーッ
おお……っ
守護大名《しゅごだいみょう》の一族《いちぞく》が逃《に》げていきおる……！
い……一揆成功《いっきせいこう》だあああ!!!
わしらの勝《か》ちじゃあ〜!!
ワーッ
レキシンジャーロボなの〜！
ロボ〜〜〜〜!!!
わかったわかったから……
ワーワー
エィエィオー！

は～
なんとか
戦《いくさ》にならなくて
よかったぁ……
タカちゃんも
喜《よろこ》んでたね～♫
うん
これからは
みんなで話《はな》し合《あ》って
自分《じぶん》たちで
土地《とち》を治《おさ》めるんだって
大活躍《だいかつやく》だったわね
エマ ケンジ～♥
あのダイダラボッチ
ウチの家宝《かほう》に
そっくりやな～
お礼《れい》に
あげる～♥
あ……っ!?
それ……!
これで
元《もと》の時代《じだい》に帰《かえ》れる……!!
うん!
帰《かえ》って和室《わしつ》で
寝《ね》っころがって
レキシンジャー
ロボ 見《み》る～♥
レキシンジャーロボ

「室町時代《むろまちじだい》のサバイバル」終《お》わり。

戦国大名《せんごくだいみょう》の登場《とうじょう》と室町時代《むろまちじだい》の終《お》わり

① 人々《ひとびと》の団結《だんけつ》と「一揆《いっき》」の流行《りゅうこう》

室町《むろまち》時代《じだい》の後半《こうはん》、有力《ゆうりょく》な農民《のうみん》のもとで村《むら》の自治《じち》を行《おこな》い、強《つよ》いきずなで結《むす》ばれた農民《のうみん》たちの中《なか》には、団結《だんけつ》して地頭《じとう》や領主《りょうしゅ》、守護《しゅご》大名《だいみょう》などの支配者《しはいしゃ》に対《たい》して抵抗《ていこう》する人々《ひとびと》がでてきました。

時《とき》には、武器《ぶき》を手《て》に立《た》ち上《あ》がり、年貢《ねんぐ》を減《へ》らすことや借金《しゃっきん》の帳消《ちょうけ》しなどを求《もと》めて実力行使《じつりょくこうし》することもありました。このような実力行使《じつりょくこうし》や、そのために団結《だんけつ》すること、組織自体《そしきじたい》を「一揆《いっき》」といいます。

年貢《ねんぐ》を減《へ》らすことや借金《しゃっきん》の帳消《ちょうけ》しを求《もと》めるその土地《とち》の人々《ひとびと》による一揆《いっき》は「土一揆《つちいっき》」と呼《よ》ばれるわよん♡

応仁《おうにん》の乱《らん》の後《あと》に起《お》きた「山城《やましろ》の国一揆《くにいっき》」や「加賀《かが》の一向一揆《いっこういっき》」では、団結《だんけつ》した農民《のうみん》や地元《じもと》の武士《ぶし》、一向《いっこう》宗《しゅう》の信者《しんじゃ》たちが守護大名《しゅごだいみょう》を追《お》い出《だ》したり、倒《たお》したりし、自分《じぶん》たちの手《て》でその地域《ちいき》を支配《しはい》しました。

主《おも》な一揆《いっき》

正長《しょうちょう》の土一揆《つちいっき》
1428（正長《しょうちょう》1）年《ねん》に近江国《おうみのくに》（滋賀県《しがけん》）から始《はじ》まり、京《きょう》の近《ちか》くを中心《ちゅうしん》に広《ひろ》まった、借金《しゃっきん》の帳消《ちょうけ》しを求《もと》めた一揆《いっき》。

山城《やましろ》の国一揆《くにいっき》
1485（文明《ぶんめい》17）年《ねん》、山城国《やましろのくに》（京都府《きょうとふ》）の武士《ぶし》や農民《のうみん》が団結《だんけつ》し、守護大名《しゅごだいみょう》の畠山氏《はたけやまし》を追《お》い出《だ》した一揆《いっき》。一揆《いっき》による自治《じち》が8年続《ねんつづ》いた。

加賀《かが》の一向一揆《いっこういっき》
1488（長享《ちょうきょう》2）年《ねん》、加賀国《かがのくに》（石川県《いしかわけん》）で、浄土真宗《じょうどしんしゅう》（一向宗《いっこうしゅう》）の信仰《しんこう》で結《むす》ばれた僧侶《そうりょ》や武士《ぶし》、農民《のうみん》が団結《だんけつ》し、守護大名《しゅごだいみょう》の富樫氏《とがしし》が倒《たお》された一揆《いっき》。一揆《いっき》による自治《じち》は、この後《あと》およそ100年《ねん》も続《つづ》いた。

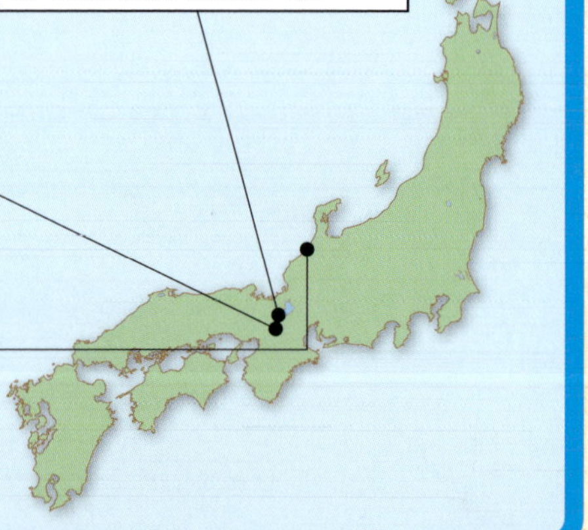

② 戦国大名《せんごくだいみょう》の登場《とうじょう》

応仁《おうにん》の乱《らん》で将軍《しょうぐん》や幕府《ばくふ》の権威《けんい》は落《お》ち、日本全国《にほんぜんこく》を治《おさ》めるだけの力《ちから》はなくなってしまいました。

各地方《かくちほう》では、守護大名《しゅごだいみょう》やそのけらい、地元《じもと》の有力《ゆうりょく》武士《ぶし》たちを巻《ま》き込《こ》んだ争《あらそ》いが起《お》き、実力《じつりょく》のある下《した》の者《もの》が上《うえ》の者《もの》に打《う》ち勝《か》つ「下剋上《げこくじょう》」の風潮《ふうちょう》が広《ひろ》まっていきました。

やがてこうした争《あらそ》いに勝《か》ち、領国《りょうごく》を実力《じつりょく》で支配《しはい》する戦国大名《せんごくだいみょう》が登場《とうじょう》しました。

戦国大名《せんごくだいみょう》になった者《もの》には、守護大名《しゅごだいみょう》だけでなく、守《しゅ》護代《ごだい》や守護大名《しゅごだいみょう》のけらい、地元《じもと》の有力武士《ゆうりょくぶし》などもいました。彼《かれ》らは守護大名《しゅごだいみょう》から領国《りょうごく》の支配権《しはいけん》を奪《うば》い、戦《せん》国大名《ごくだいみょう》になったのです。

戦国《せんごく》ダイミョー？
かっこいい！
エマも
下剋上《げこくじょう》する〜っ！

③ 織田信長《おだのぶなが》が将軍《しょうぐん》を京《きょう》から追《お》い出《だ》す

こうした戦国大名《せんごくだいみょう》の中《なか》から、16世紀半《せいきなか》ばに織田信《おだのぶ》長《なが》が登場《とうじょう》して、天下統一《てんかとういつ》を目指《めざ》すようになります。

1573（天正《てんしょう》1）年《ねん》、織田信長《おだのぶなが》は、室町幕府《むろまちばくふ》15代将軍《だいしょうぐん》・足利義昭《あしかがよしあき》を、幕府《ばくふ》のある京《きょう》から追《お》い出《だ》してしまいます。こうして、約《やく》240年続《ねんつづ》いた室町幕府《むろまちばくふ》が滅《ほろ》び、室町時代《むろまちじだい》は終《お》わりを告《つ》げました。

室町時代《むろまちじだい》のキーパーソン 4

室町時代最後《むろまちじだいさいご》の将軍《しょうぐん》

足利義昭《あしかがよしあき》

★生没年《せいぼつねん》 1537～1597年《ねん》

織田信長《おだのぶなが》の協力《きょうりょく》で将軍《しょうぐん》になったが、やがて対《たい》立《りつ》。幕府滅亡《ばくふめつぼう》後《ご》は、諸国《しょこく》を放浪《ほうろう》した後《のち》、豊臣《とよとみ》秀吉《ひでよし》のもとで大名《だいみょう》になり、厚《あつ》くもてなされた。

東京大学史料編纂所所蔵模写

鎌《かま》倉《くら》時《じ》代《だい》末《すえ》～室《むろ》町《まち》時《じ》代《だい》年《ねん》表《ぴょう》

時代	年	できごと
鎌倉時代《かまくらじだい》	1331年《ねん》	後醍醐天皇《ごだいごてんのう》が鎌倉幕府《かまくらばくふ》を倒《たお》す（倒幕《とうばく》）ための2度目《どめ》の計画《けいかく》を立《た》てる
	1333年《ねん》	後醍醐天皇《ごだいごてんのう》が倒幕《とうばく》を呼《よ》びかける 鎌倉幕府《かまくらばくふ》の有力御家人《ゆうりょくごけにん》・足利尊氏《あしかがたかうじ》らが後醍醐天皇《ごだいごてんのう》に味方《みかた》する 鎌倉幕府《かまくらばくふ》が滅亡《めつぼう》する
	1333年《ねん》	後醍醐天皇《ごだいごてんのう》による建武《けんむ》の新政《しんせい》が始《はじ》まる
	1335年《ねん》	尊氏《たかうじ》が後醍醐天皇《ごだいごてんのう》に対《たい》して反旗《はんき》をひるがえす
南北朝時代《なんぼくちょうじだい》	1336年《ねん》	尊氏《たかうじ》が光明天皇《こうみょうてんのう》を立《た》て、新《あたら》しい朝廷《ちょうてい》（北朝《ほくちょう》）と室町幕府《むろまちばくふ》を開《ひら》く。後醍醐天皇《ごだいごてんのう》が京《きょう》から逃《のが》れ、吉野《よしの》（奈良県《ならけん》）で南朝《なんちょう》を開《ひら》く（南北朝《なんぼくちょう》の対立《たいりつ》が始《はじ》まる）
	1338年《ねん》	尊氏《たかうじ》が征夷大将軍《せいいたいしょうぐん》になる
	1368年《ねん》	足利義満《あしかがよしみつ》が3代将軍《だいしょうぐん》になる
	1392年《ねん》	義満《よしみつ》が南北朝《なんぼくちょう》を合一《ごういつ》する
	1397年《ねん》	義満《よしみつ》が金閣《きんかく》をつくる

室町時代《むろまちじだい》

1400年《ねん》	この頃《ころ》、世阿弥《ぜあみ》が能《のう》の秘伝書《ひでんしょ》『風姿花伝《ふうしかでん》』を書《か》く
1401年《ねん》	義満《よしみつ》が明《みん》（中国《ちゅうごく》）に遣明船《けんみんせん》を送《おく》る
1404年《ねん》	日明貿易《にちみんぼうえき》（勘合貿易《かんごうぼうえき》）が始《はじ》まる
1428年《ねん》	正長《しょうちょう》の土一揆《つちいっき》が起《お》きる
1449年《ねん》	足利義政《あしかがよしまさ》が8代将軍《だいしょうぐん》になる
1467年《ねん》	応仁《おうにん》の乱《らん》が起《お》きる（～1477年《ねん》）
1469年《ねん》	雪舟《せっしゅう》が水墨画《すいぼくが》を学《まな》んでいた明《みん》から帰国《きこく》する
1485年《ねん》	山城《やましろ》の国一揆《くにいっき》が起《お》きる
1488年《ねん》	加賀《かが》の一向一揆《いっこういっき》が起《お》きる
1489年《ねん》	義政《よしまさ》が銀閣《ぎんかく》をつくる
1568年《ねん》	織田信長《おだのぶなが》が京《きょう》に上《のぼ》り、足利義昭《あしかがよしあき》を15代将軍《だいしょうぐん》にする
1573年《ねん》	信長《のぶなが》が義昭《よしあき》を京《きょう》から追放《ついほう》する（室町幕府《むろまちばくふ》の滅亡《めつぼう》）

監修　河合敦
編集デスク　大宮耕一、橋田真琴
編集スタッフ　泉ひろえ、河西久実、庄野勢津子、十枝慶二、中原崇
シナリオ　庄野勢津子
マンガ着彩協力　ムラカミトモヤ（studio PetoKa）、若西けいすけ
コラムイラスト　相馬哲也、横山みゆき、番場江里佳
コラム図版　平凡社地図出版、エスプランニング
参考文献　『早わかり日本史』河合敦著 日本実業社／『詳説 日本史研究 改訂版』佐藤信・五味文彦・高埜利彦・鳥海靖編 山川出版社／『世界の辺境とハードボイルド室町時代』高野秀行・清水克行著 集英社インターナショナル／『調べ学習日本の歴史４金閣・銀閣の研究』玉井哲雄監修 ポプラ社／『時代別 日本の歴史５ 室町時代』高野尚好監修 切刀芳雄指導 学研／「週刊マンガ日本史 改訂版」26～32号 朝日新聞出版／「新発見！日本の歴史」22～25号 朝日新聞出版

※本シリーズのマンガは、史実をもとに脚色を加えて構成しています。

室町《むろまち》時《じ》代《だい》のサバイバル

2016年12月30日　第１刷発行
2017年２月28日　第２刷発行

著　者　マンガ：イセケヌ／ストーリー：チーム・ガリレオ
発行者　須田剛
発行所　朝日新聞出版
〒104-8011
東京都中央区築地5-3-2
編集　生活・文化編集部
電話　03-5540-7015（編集）
03-5540-7793（販売）

印刷所　株式会社リーブルテック
ISBN978-4-02-331513-6
定価はカバーに表示してあります

落丁・乱丁の場合は弊社業務部（03-5540-7800）へ
ご連絡ください。送料弊社負担にてお取り替えいたします。

科学《かがく》も！

サバイバルシリーズ ファンクラブ通信《つうしん》

歴史《れきし》も！

創刊《そうかん》！

おたより大募集《だいぼしゅう》

ゆうびんも メールも ドシドシ！

ファンクラブ通信《つうしん》は、サバイバルの公式《こうしき》サイトでも読《よ》めるよ！

みんなからのお手紙《てがみ》、楽《たの》しみにしてるよ〜♪

読者《どくしゃ》のみんなとの交流《こうりゅう》の場《ば》、「ファンクラブ通信《つうしん》」が誕生《たんじょう》したよ！クイズに答《こた》えたり、似顔絵《にがおえ》などの投稿《とうこう》コーナーに応募《おうぼ》したりして、楽《たの》しんでね。「ファンクラブ通信《つうしん》」は、サバイバルシリーズ、対決《たいけつ》シリーズの新刊《しんかん》に、はさんであるよ。書店《しょてん》で本《ほん》を買《か》ったときに、探《さが》してみてね！

おたよりコーナー 1

ジオ編集長《へんしゅうちょう》からの挑戦状《ちょうせんじょう》

『○○のサバイバル』を作《つく》ろう！

みんなが読《よ》んでみたい、サバイバルのテーマとその内容《ないよう》を教《おし》えてね。もしかしたら、次回作《じかいさく》に採用《さいよう》されるかも!?

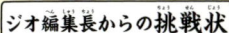

例《れい》 冷蔵庫《れいぞうこ》のサバイバル

何《なに》かが原因《げんいん》で、ジオたちが小《ちい》さくなってしまい、知《し》らぬ間《ま》に冷蔵庫《れいぞうこ》の中《なか》に入《い》れられてしまう。無事《ぶじ》に出《で》られるのか!?（9歳《さい》・女子《じょし》）

おたよりコーナー 2

キミのイチオシは、どの本《ほん》!?

サバイバル、応援《おうえん》メッセージ

キミが好《す》きなサバイバル1冊《さつ》と、その理由《りゆう》を教《おし》えてね。みんなからのアツ〜い応援《おうえん》メッセージ、待《ま》ってるよ〜！

例《れい》 戦国時代《せんごくじだい》のサバイバル

忍者《にんじゃ》や武将《ぶしょう》のことがよくわかった。リュウたちがやっているテレビゲームに出《で》てくる、徳川家康《とくがわいえやす》の必殺技《ひっさつわざ》が面白《おもしろ》かったです。（8歳《さい》・男子《だんし》）

おたよりコーナー 3

ピピが審査員長《しんさいんちょう》！

2コマであそぼ

お題《だい》となるマンガの1コマ目《め》を見《み》て、2コマ目《め》を考《かんが》えてみてね。みんなのギャグセンスが試《ため》されるゾ！

例《れい》 お題《だい》

井戸《いど》に落《お》ちたジオ。なんとかはい出《で》た先《さき》は!?

地下《ちか》だったはずが、なぜか空《そら》の上《うえ》!?

おたよりコーナー 4

ケイ館長《かんちょう》のサバイバル美術館《びじゅつかん》

みんなが描《か》いた似顔絵《にがおえ》を、ケイが選《えら》んで美術館《びじゅつかん》で紹介《しょうかい》するよ。

例《れい》

上手《うま》い！

みんなからのおたより、大募集《だいぼしゅう》！

❶コーナー名《めい》とその内容《ないよう》
❷郵便番号《ゆうびんばんごう》
❸住所《じゅうしょ》
❹名前《なまえ》
❺学年《がくねん》と年齢《ねんれい》
❻電話番号《でんわばんごう》
❼掲載時《けいさいじ》のペンネーム（本名《ほんみょう》でも可《か》）

を書《か》いて、右記《うき》の宛《あ》て先《さき》に送《おく》ってね。掲載《けいさい》された人《ひと》には、サバイバル特製《とくせい》グッズをプレゼント！

●郵送《ゆうそう》の場合《ばあい》
〒104-8011　朝日新聞出版　生活・文化編集部
サバイバルシリーズ　ファンクラブ通信係

●メールの場合《ばあい》
junior @ asahi.com
件名《けんめい》に「サバイバルシリーズ　ファンクラブ通信」と書《か》いてね。

ファンクラブ通信《つうしん》は、サバイバルの公式《こうしき》サイトでも見《み》ることができるよ。

サバイバルシリーズ　検索

※応募作品《おうぼさくひん》はお返《かえ》ししません。※お便《たよ》りの内容《ないよう》は一部《いちぶ》、編集部《へんしゅうぶ》で改稿《かいこう》している場合《ばあい》がございます。

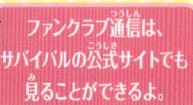

本《ほん》の感想《かんそう》や知《し》ったことを書《か》いておこう。